한국 잠자리 대백과

성충과 유충

조성빈 著

한국 잠자리 대백과

성충과 유충

초판 1쇄 인쇄 | 2021년 1월 15일
초판 1쇄 발행 | 2021년 1월 20일

지 은 이 | 조성빈
발 행 인 | 이상춘
발 행 처 | 광일문화사

주 소 | 서울특별시 강남구 학동로 323(한미빌딩)
전 화 | (02) 517-5555
팩 스 | (02) 545-5786

ISBN 978-89-86752-76-2 96490

값 48,000원

sungbincho@sogang.ac.kr

머리말

잠자리는 매우 놀랍고 아름다운 생명체이다. 날씬한 몸과 투명한 날개, 반짝이고 화려한 색체의 눈, 믿기 힘들 정도의 비행 기술을 지닌 수려한 존재이다. 또한 인간의 농사에 꼭 필요한 존재이다. 농사에 해를 주는 해충을 억제하고 자연의 균형을 이루는데 큰 역할을 하고 있다. 잠자리가 사는 습지, 하천, 연못을 천연 그대로의 모습으로 보존하여 건강한 자연을 후손에게 물려주고 그들도 그 안에서 안식을 취하고 삶을 영위하는 미래의 모습을 꿈꾸어본다.

한국인에게도 자연에 손을 대지 않고 본 모습 그대로 지켜야 한다는 올바른 자연보호 개념이 자리 잡기를 바라며 한국 땅에서 확인이 가능한 잠자리들에 대하여 그간 쌓아온 지식과 경험을 소개하고자 한다.

노고산자락의 연구실에서

조 성 빈

2021. 1. 20.

Preface

Dragonfly is a wonderful and beautiful creature – slim body, transparent wings, twinkling colorful eyes, and incredible aerobatic skills, all of which are so attractive. Dragonfly is imperatively necessary for human's farming, controlling harmful insects and preserving the balance of nature. I dream of future – humans preserve the habitats of dragonfly such as wetlands, streams, and ponds well and leave to next generations.

I hope Koreans have the right concept of nature conservation some day. I introduce my knowledge and experience accumulated so far about odonata in Korea.

Acknowledgement

I express my great thanks to Akihiko Sasamoto, Ryo Futahashi, Oleg Kosterin, Haruki Karube, Keith D.P. Wilson, and Jean-Pierre Boudot. While communicating with these odonatologists, I could learn more and expand my knowledge and understanding about odonata.

Sungbin Cho

2021. 1. 20.

The Mission of the Book

The mission of the book is to provide the look of live dragonfly adult matured in nature with its colorful, forceful, & full–blown body, as well as to describe habitat environment & behavioral ecology of all odonate species in South Korea. The book illustrates the dorsal view, lateral view, & anterior view of adults, together with the high resolution photos of anal appendages, larvae, tenerals, & distribution maps for an identification purpose.

contents

물잠자리과 Family Calopterygidae Selys, 1850_45

방울실잠자리과 Family Platycnemididae Tillyard, 1917_53

실잠자리과 Family Coenagrionidae Kirby, 1890_64

부록 Appendix _375

제1장 잠자리의 구조
Morphology of dragonfly

제1장 잠자리의 구조 Morphology of dragonfly

잠자리는 Taxonomy(분류학分類學, 계통학系統學)상으로 다음과 같이 분류하고 있다.

Kingdom Animalia: 동물계界

Subkingdom Bilateria: 좌우대칭동물아계亞界

Infrakingdom Protostomia: 구구동물舊口動物아계 하부단계

Superphylum Ecdysozoa: 탈피동물상문上門

Phylum Arthropoda: 절지동물문門

Subphylum Hexapoda: 곤충아문亞門

Class Insecta: 곤충강綱

Subclass Pterygota: 유시有翅아강亞綱

Infraclass Palaeoptera: 구시舊翅아강 하부단계

Order Odonata: 잠자리목目

잠자리의 몸은 머리, 가슴, 배 세 부분으로 이루어졌다. 머리에는 겹눈 1쌍, 홑눈 3개, 더듬이 1쌍이 있고, 가슴에는 앞날개 1쌍, 뒷날개 1쌍, 다리 3쌍이 있고, 배는 총 10마디로 이루어져 있고 배 끝에는 수놈은 부속기, 암놈은 미모가 있고, 날개에는 결절, 연문, 삼각실 혹은 사각실이 있다.

1. 잠자리아목 Suborder Anisoptera

(Fig. 1)은 별박이왕잠자리이고, (Fig. 2)는 먹줄왕잠자리로서, 다음 부위를 확인할 수 있다.

Fig. 1. 잠자리아목 윗면 – 별박이왕잠자리 Suborder Anisoptera in dorsal view - *Aeshna juncea*

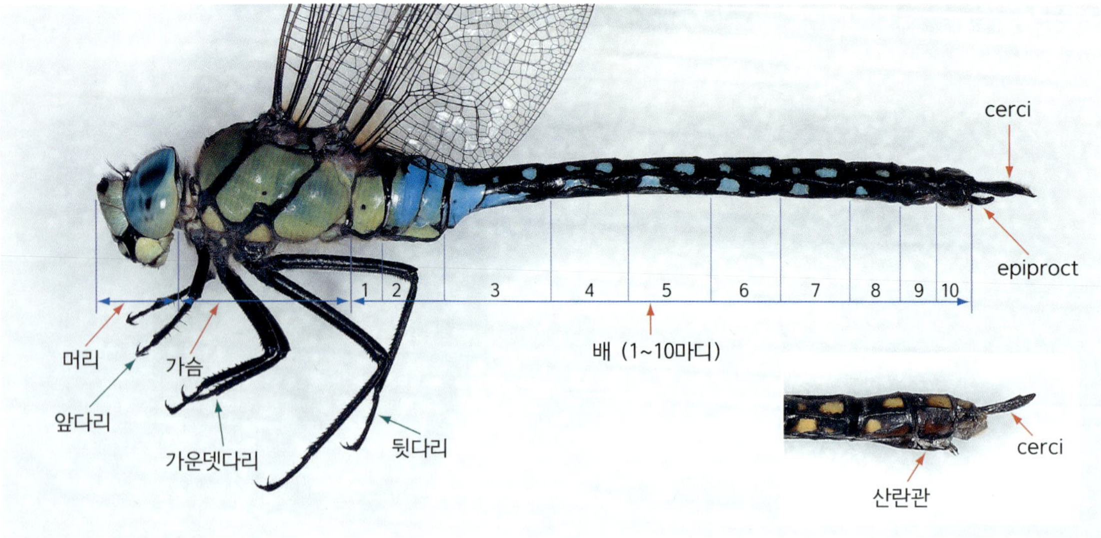

Fig. 2. 잠자리아목 옆면 – 먹줄왕잠자리 Suborder Anisoptera in lateral view - *Anax nigrofasciatus*

- head: 머리
- thorax: 가슴
- abdomen: 배
- forewing: 앞날개
- hindwing: 뒷날개
- nodus: 결절結節
- stigma, pterostigma: 연문緣紋
- triangle: 삼각실三角室
- compound eye: 겹눈
- ovipositor: 산란관産卵管
- fore legs: 앞다리, 전지前肢
- middle legs: 가운뎃다리, 중지中肢
- hind legs: 뒷다리, 후지後肢
- cercus (*pl.* cerci): 잠자리목 성충 수놈의 미각尾角이며 상부속기上付屬器 역할을 한다. 성충 암놈의 미모尾毛에 해당한다.
- epiproct: 잠자리아목 성충 수놈의 하부속기下付屬器 역할을 한다.
- paraproct (*pl.* paraprocts): 실잠자리아목 성충 수놈의 하부속기下付屬器 역할을 한다.

(Fig. 3)은 부채장수잠자리의 머리, 가슴, 배에서 확인할 수 있는 세부 부위의 명칭이다. 부성기는 왕잠자리과에서는 평상시 돌출되지 않고, 다른 잠자리들 수놈에게서 볼 수 있다.

Fig. 3. 잠자리아목 옆면 – 부채장수잠자리 Suborder Anisoptera in lateral view - *Sinictinogomphus clavatus*

- vertex: 머리 꼭짓점
- frons: 이마
- mandible: 턱
- labrum: 윗입술
- labium: 아랫입술
- prothorax: 앞가슴, 첫째 마디가슴(앞다리가 붙어있는)
- mesepisternum: 가운데 가슴앞배판
- mesepimeron: 중흉후측판中胸後側板
- metepisternum: 후흉전복판後胸前腹板
- metepimeron
- femur: 퇴절腿節, 대퇴골大腿骨
- tibia: 경절脛節, 하퇴골下腿骨, 정강이뼈
- tarsus: 부절跗節, 족근足根, 족골足骨
- tarsal claws: 부절跗節 발톱
- accessory sex organ: 부성기副性器

2. 실잠자리아목 Suborder Zygoptera

(Fig. 4, 5)는 큰청실잠자리이다. 겹눈이 머리에서 차지하는 비율이 잠자리아목보다 적은 편이며, 앞날개와 뒷날개가 같은 모양을 하고 있다.

Fig. 4. 실잠자리아목 윗면 - 큰청실잠자리
Suborder Zygoptera in dorsal view – *Lestes temporalis*

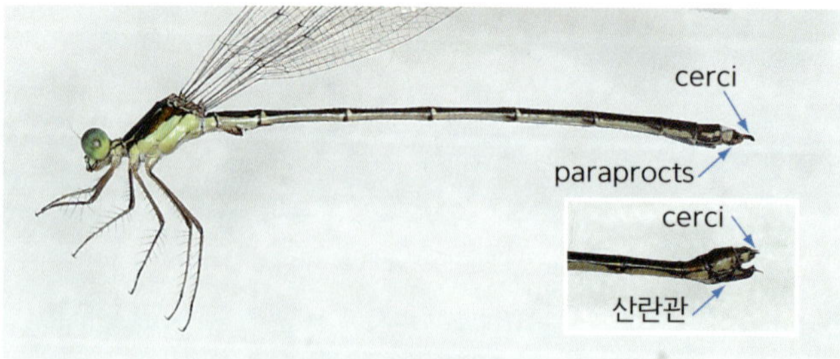

Fig. 5. 실잠자리아목 옆면 - 큰청실잠자리
Suborder Zygoptera in lateral view – *Lestes temporalis*

- cerci: 성충 수놈의 상부속기上付屬器 역할을 하고, 암놈은 미모尾毛에 해당된다.
- paraprocts: 성충 수놈의 하부속기下付屬器 역할을 한다.

3. 눈 Eyes

잠자리 눈은 2개의 겹눈compound eyes과 3개의 홑눈median ocellus: 중앙 홑눈, lateral ocelli: 바깥 홑눈으로 구성되어 있다(Fig. 6). 겹눈은 많은 수의 낱눈ommatidium이라 불리는 렌즈와 감각세포로 이루어져있다. 겹눈이 잘 발달되어있는 왕잠자리과의 경우 3만개까지의 낱눈이 모여 하나의 겹눈을 이루고 있다(Land and Nilsson, 2002). 잠자리 앞에서 움직이고 있는 대상은 각각의 낱눈에 상이 맺히므로 이들의 움직임과 방향은 민감하게 잠자리에게 인식된다. 한 쌍의 겹눈은 사람처럼 양안 시야 작용을 하여 대상물과의 거리를 판단할 수 있도록 해준다. 겹눈은 둥근 공 모양을 하고 있어 360도 모든 방향을 볼 수 있다. 전방시각이 좋도록 겹눈의 앞과 위쪽이 특히 예민하며, 가짜동공pseudo-pupils이라 불리는 검은 점이나 줄무늬 등이 있어 빛을 반사하지 않고 전방시야를 좋게 해준다.

겹눈 윗부분은 짧은 파장인 자외선, 파란/보라색을 민감하게 지각하고, 겹눈 아랫부분은 상대적으로 긴 파장인 녹색, 노란/주황색에 민감한 것으로 알려져 있다. 왕잠자리과는 겹눈 윗부분에서는 파장 380nm인 파란/보라색과 자외선의 경계에 매우 민감한 수용체에 있고 겹눈 아랫부분에서는 420~520nm인 파장에 민감한 수용체가 있으며, 잠자리과는 겹눈 윗부분에서는 410nm, 겹눈 아랫부분에서는 450~550nm 근처의 파장에 매우 민감한 것으로 연구되었다(Horridge, 1969).

중앙 홑눈은 약 1,500개의 광수용체를 가진 렌즈로서 바깥 홑눈 보다 크며 타원에 가깝게 생겼는데, 이 타원형 모양에서 오는 난시는 렌즈안의 이열 구조로 해소되며 비행 시 수평을 지각할 수 있도록 해준다(Berry et al., 2007a). 바깥 홑눈은 빛의 강도를 감지함으로써 비행 방향을 결정하고 시간의 변화에 따른 생체리듬을 조절하는 역할을 한다(Berry et al., 2007b).

A pair of compound eyes works as binocular vision, perceiving distance.

Fig. 6. 잠자리의 눈 – 한국개미허리왕잠자리
Eyes of odonata – *Boyeria karubei*

Pseudo–pupils on compound eyes help to reduce light reflection for better vision. The upper part of compound eyes is sensitive to short wavelength, while the lower part for longer wavelength. For Family Aeshnidae, the upper part is sensitive to 380 nm and the lower part to 420~520 nm. For Family Libellulidae, the upper part is sensitive to 410 nm and the lower part to 450~550 nm (Horridge, 1969). Median ocellus is elliptical, causing astigmatism that is canceled by the bilobed shape of the inner lens surface, and it maintains horizontal sense when flying (Berry et al., 2007a). Lateral ocelli perceive the brightness of light, regulate biorhythms, and determine the direction of flight (Berry et al., 2007b).

4. 산란기관 Oviposition organ

왕잠자리과와 실잠자리아목은 산란관을 통하여 산란하게 된다. (Fig. 7)은 황줄왕잠자리의 산란기관이다. 산란기관은 Lam, V1, V2, V3, stylus로 이루어져 있다. V1,V2는 평상시에는 배에 밀착되어 있다가 산란할 때 분리되어 식물이나 흙속에 찔러 넣어진다. 세부 명칭은 다음과 같다.

- ovipositor: 산란관産卵管
- Lam: basal plate기초판: 基礎板 of ovipositor (lamina valvarum)
- V1: first valves벌문: 閥門 of ovipositor (valvulae 1)
- V2: second valves벌문: 閥門 of ovipositor (valvulae 2)
- V3: third valves벌문: 閥門 of ovipositor (valvulae 3)
- St.: stylus산란침: 産卵針

산란침을 여기저기 꽂아보아 알 낳기 적합한 포인트를 찾고, 기초판은 cutting blade 역할을 하고, V1,V2가 배에서 분리되어 식물이나 흙속으로 찔러져 알을 낳는다. 알은 V1이 시작되는 부위의 posterior base of the gonapophyses에서 몸을 떠나, V1,V2의 외부 채널을 통해 이동하여, V1,V2의 끝에서 가까운 위치에 있는 V2의 왼쪽과 오른쪽 밸브 사이의 slit을 통하여 배출된다(Fig. 7의 브라운색 화살표). 왕잠자리과를 제외한 잠자리아목에 속하는 잠자리는 산란판: 産卵弁vulvar lamina을 가지고 있다.

Family Aeshnidae and Suborder Zygoptera have an ovipositor. The

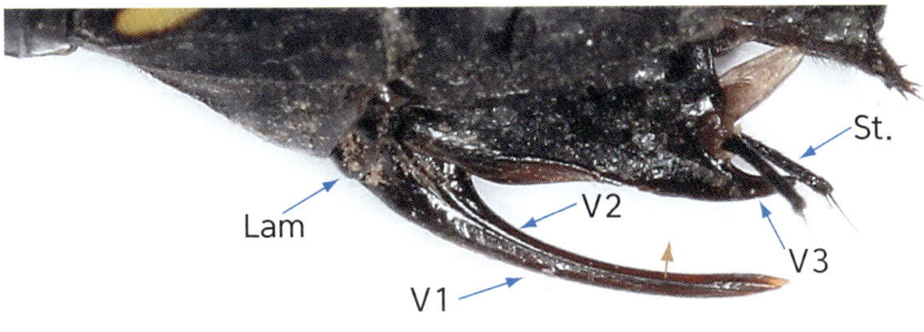

Fig. 7. 황줄왕잠자리의 산란기관 세부명칭
Oviposition organ of aeshnid - *Polycanthagyna melanictera*

eggs leave the body at the opening of the vagina, which is located at the posterior base of the gonapophyses 8. Then, the eggs enter into the channel enclosed by gonapophyses 8 and 9 (V1 & V2). This channel does not belong to the interior of the body but is rather a part of the outer world. The eggs leave this channel near the tips of the gonapophyses. It is possible that in some species the eggs leave the ovipositor closer to the base, which is done by a lateral movement of the V1, making the egg channel ventrally open (*pers. comm.*, Klaus-Dieter Klass). Suborder Anisoptera except Family Aeshnidae have vulvar lamina instead of ovipositor.

5. 유충 Larva

(Fig. 8)은 측범잠자리 유충 윗면이며, 각 부위의 명칭은 다음과 같다.

(Fig. 9)는 부채장수잠자리 유충 옆면이며, 등가시, 옆가시, 미각, 항상편, 항측

- head: 머리
- thorax: 가슴
- abdomen: 배
- wing sheath, wing pads: 날개집
- fore legs: 앞다리, 전지(前肢)
- middle legs: 가운뎃다리, 중지(中肢)
- hind legs: 뒷다리, 후지(後肢)
- antenna: 더듬이
- compound eye: 겹눈
- median ocellus: 중앙 홑눈
- lateral ocelli: 바깥 홑눈
- dorsal spine: 등가시, 배극(背棘)
- lateral spine: 옆가시, 측극(側棘)
- cercus *pl.* cerci: 미각(尾角)
- paraproct *pl.* paraprocts, clasper: 항측편(肛側片; 항문 측면 조각)
- epiproct: 항상편(肛上片; 항문 위 조각)

편 등을 확인할 수 있다. 실잠자리아목 전체, 잠자리아목에서는 장수잠자리와 왕잠자리과에서, 유충 암놈의 원산란관을 보면 성별을 구분할 수 있다. 잠자리아목 유충 수놈의 projection을 보고 성별 구분이 가능하지만, 많은 유충에서 종령 유충이 우화모드에 들어가야 구별이 되고 그것도 제대로 구별할 수 없는 종도 있다. 대신 종령 유충 수놈의 경우 제2,3배마디 밑면을 보면 성충 부성기가 되기 위한 기관이 완성되어 표피속의 부성기 존재를 확인할 수 있다. 카메라 플래시를 터뜨려 사진을 찍어보면 좀 더 확연히 볼 수 있다. (Fig. 10)은 어리부채장수잠자리 유충 수놈과 암놈으로서 수놈의 경우 표피 속 부성기 존재를 식별할 수 있다.

The sex of all Zygopteran larvae, *Anotogaster sieboldii* larvae, and

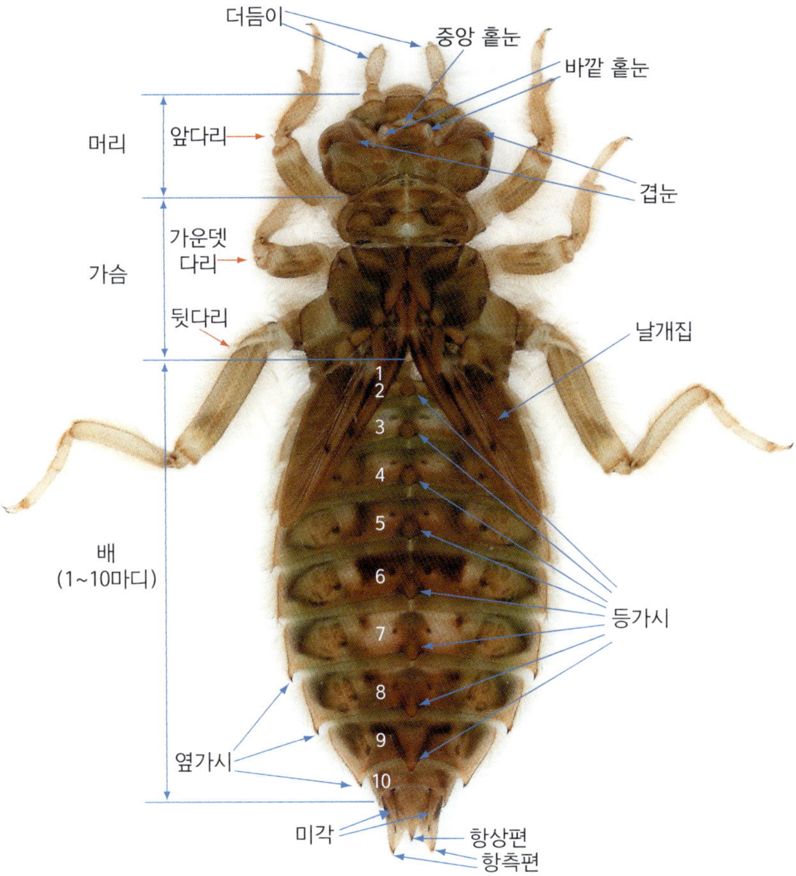

Fig. 8 측범잠자리 유충 윗면 *Ophiogomphus obscurus* larva in dorsal view

Fig. 9 부채장수잠자리 유충 옆면 *Sinictinogomphus clavatus* larva in lateral view

Fig. 10 어리부채장수잠자리 유충 ♂♀ *Gomphidia confluens* larva ♂♀

Aeshnid larvae can be identified by larva female's primary genitalia. Anisopteran larva male has project on the top of epiproct, which is absent in larva female, but it is hardly noticeable before emerging mode for many species. Instead, imago male's accessory sex organ can be assumed from larva male's abdominal S2 & S3 in ventral view (Fig. 10).

6. 유충과 성충의 부속기관

Anal appendages of larva and adult

Suborder Anisoptera(잠자리아목) 유충과 성충의 부속기관 간의 연결 고리는 다음과 같다.

잠자리아목 유충에 대한 성별 구분은 projection의 존재 여부로 판별할 수 있다(Fig. 11). 하지만, 대부분의 종에서 종령이 된 후에도 확연하게 구분되지 않고 우

- cercus pl. cerci: 유충의 미각尾角 또는 미엽尾葉. 성충의 cerci가 되는데, 수놈에게는 upper appendages 즉, 상부속기上付屬器 역할 기관이 되고, 암놈에게는 미모尾毛가 된다.
- epiproct: 유충의 항상편肛上片. 성충에게는 sclerites 즉, 경피硬皮, 경절硬節의 형태로 흔적만 남는다.
- projection: 유충 수놈에게만 있는 epiproct위의 부속지附屬肢. 성충 수놈의 epiproct가 되고 lower appendage 즉, 하부속기下付屬器 역할을 한다.
- paraproct *pl*. paraprocts: 유충의 항측편肛側片. 성충 암놈의 미모 아래 볼록한 부분이 된다.

화모드에 들어간 후에야 간신히 확인할 수 있다. 이례적으로 전아종령 단계에서도 projection이 뚜렷하게 구분이 가는 종으로 한라별왕잠자리 유충이 있다. 대부분의 종에서 유충 수놈의 cerci는 유충 암놈의 cerci보다 크고 길다. 이는 성충 수놈의 cerci가 크고 긴 반면, 성충 암놈의 cerci는 상대적으로 작고 가늘기 때문이다. 성충 암놈의 cerci가 이례적으로 긴 종, 예를 들어 잘록허리왕잠자리는 유충 암놈의 cerci가 유충 수놈의 cerci만큼 길기도 하다.

실잠자리아목(Suborder Zygoptera) 유충은 부속기에 세 장의 아가미가 있어 잠자리아목 유충과 쉽게 구별이 된다. (Fig 12)는 실잠자리아목 유충과 성충의 부

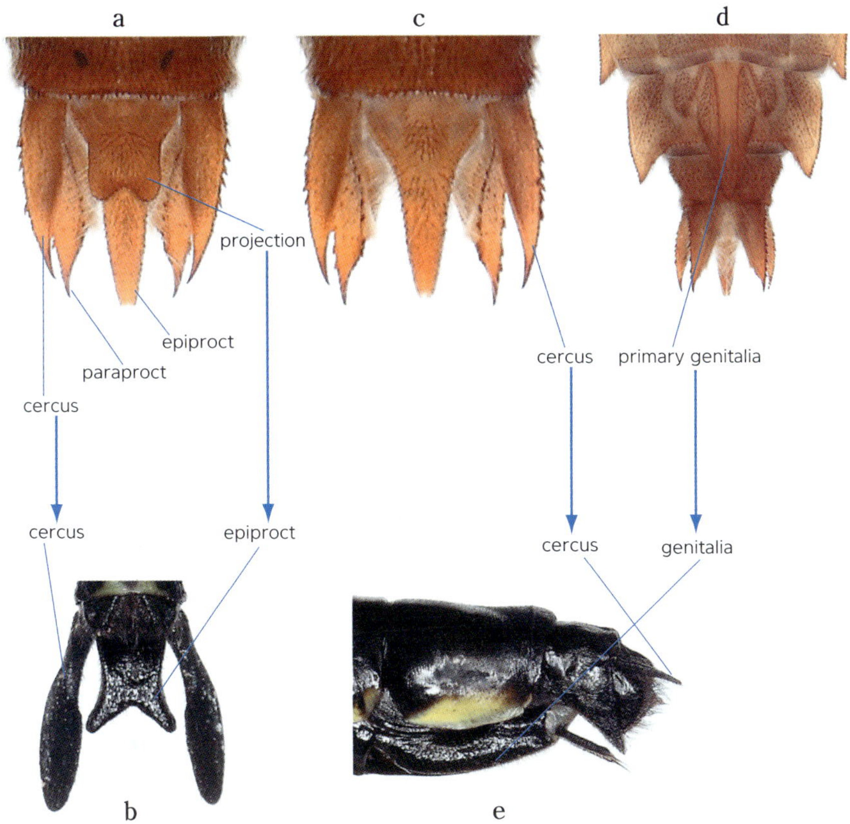

Fig. 11. 잠자리아목 – 한라별왕잠자리. a – 유충 수놈 윗면; b – 성충 수놈 밑면; c – 유충 암놈 윗면; d – 유충 암놈 밑면; e – 성충 암놈 옆면
Suborder Anisoptera - *Sarasaeschna pryeri*. a - larva male in dorsal view; b - adult male in ventral view; c - larva female in dorsal view; d - larva female in ventral view; e - adult female in lateral view

속기관 연결고리에 대한 설명이다.

For Suborder Anisoptera, the connection on anal appendages between larva and adult is as follows. The cercus of larva becomes that of adult,

- cercus *pl.* cerci: 유충의 미각尾角 또는 미엽尾葉. 성충의 cerci가 되는데, 수놈에게는 upper appendages 즉, 상부속기上付屬器 역할을 하고, 암놈에게는 미모尾毛가 된다.
- epiproct: 유충의 항상편肛上片으로서 a process of median gill이라고 설명될 수 있다 (Snodgrass, 1993). 성충에게는 sclerites의 형태로 흔적만 남는다.
- paraproct *pl.* paraprocts: 유충의 항측편肛側片으로서 a process of lateral gills라고 설명될 수 있다. 성충 수놈의 paraprocts가 되고 lower appendages 즉, 하부속기下付屬器 역할을 한다.
- median gill: 중앙아가미中央鰓
- lateral gill *pl.* lateral gills: 측면아가미側鰓

Fig 12. 실잠자리아목. a – 큰청실잠자리 유충 수놈 옆면; b – 큰청실잠자리 성충 수놈 옆면; c – 새노란실잠자리 유충 암놈 옆면; d – 새노란실잠자리 성충 암놈 옆면

Suborder Zygoptera. a - *Lestes temporalis* larva male in lateral view; b - *Lestes temporalis* adult male in lateral view; c - *Ceriagrion auranticum* larva female in lateral view; d - *Ceriagrion auranticum* adult female in lateral view which works as upper appendage for adult male. Larva male has the projection on the top of epiproct, which turns into the epiproct of adult male, working as lower appendage. For many species, the projection is hardly noticeable before final instar larva enters into emerging mode. Exceptionally, the projection is distinctively visible even for penultimate instar larva in case of *Sarasaeschna pryeri*. The cercus of larva male is usually bigger and longer than that of larva female. This is because the cercus of adult male is bulkier than that of adult female. Some adult females have a long cercus, e.g., *Gynacantha japonica*, and thus the cercus of larva female is almost as long as that of larva male.

Suborder Zygopteran larva has three gills. The cercus of larva becomes that of adult, which works as upper appendages for adult male. The paraproct, a process of lateral gill, of larva becomes that of adult male, working as lower appendage. Larva female has the primary genitalia on the bottom of abdominal S9, which becomes the genitalia of adult female.

제2장 한국 지도
Map of South Korea

제2장 한국 지도 Map of South Korea

한반도는 70%가 산악지형으로 이루어져 있으며 16개의 주요 강이 흐르고 있다(Fig. 13). 북한의 백두산에서 시작된 백두대간은 설악산, 태백산에서 지리산까지 이어지며 1,600 km에 달한다(NEINS, 2019). 백두대간의 서쪽은 점진적으로 낮아지며 계곡, 하천, 습지, 평야를 이루고 있다. 동아시아의 몬순기후대에 속하는데, 중부지방은 냉온대기후, 남부지방은 온대기후, 제주는 난대기후를 보이고 있다.

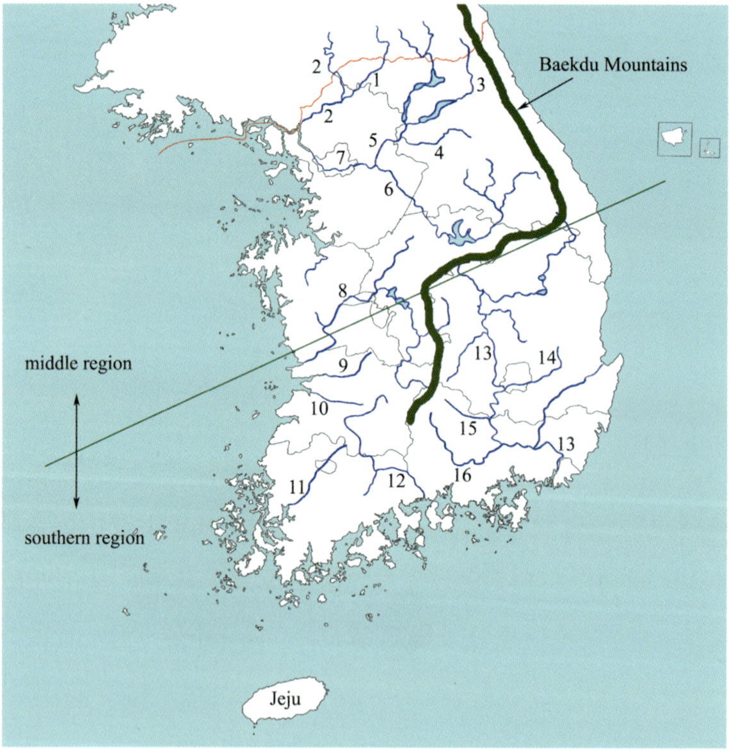

Fig. 13. 한국 지도: 1 – 한탄강; 2 – 임진강; 3 – 소양강; 4 – 홍천강; 5 – 북한강; 6 – 남한강; 7 – 한강; 8 – 금강; 9 – 만경강; 10 – 동진강; 11 – 영산강; 12 – 섬진강; 13 – 낙동강; 14 – 금호강; 15 – 황강; 16 – 남강

Map of South Korea with river catchments: 1 - Hantan river; 2 - Imjin river; 3 - Soyang river; 4 - Hongcheon river; 5 - Bukhan river; 6 - Namhan river; 7 - Han river; 8 - Geum river; 9 - Mangyeong river; 10 - Dongjin river; 11 - Yeongsan river; 12 - Seomjin river; 13 - Nakdong river; 14 - Geumho river; 15 - Hwang river; 16 - Nam river

South Korea is situated in the southern half of Korean Peninsula. About 70% of the Korean peninsula is occupied by mountainous areas giving rise to 16 main river catchments (Fig. 13). By geography as well as by administrative district, the middle region refers to Gyeonggi-do, Gangwon-do, and Choongchung-do, whereas the southern region to the remaining southern area. The Baekdu Mountains is a mountain range that runs, through Korean Peninsula, from Mt. Baekdu-san to Mt. Geumgang-san in North Korea, from Mt. Seorak-san to Mt. Jiri-san in South Korea (NEINS, 2019). Its total length is about 1,600 km. The Baekdu Mountains form as asymmetric tilting terrain. There are high mountains and uplands to the east of this backbone, whereas the altitude is gradually lowered to the west coast, forming streams & rivers, plain, and wetlands suitable for the habitat of odonata. However, during the last half century, industrialization and thoughtless development have drastically damaged nature.

Mostly belonging to the East Asian Monsoon zone, S. Korea has a cool temperate climate for the middle region and a temperate climate for the southern region (KMA, 2019). Winter is usually cold, dry, and long in the middle region. The average temperature in January is −2.4 ℃ in Seoul and −5.5 ℃ in Cheolwon which is located around the demilitarized zone to N. Korea. Temperature is higher in the south and Jeju Island is much warmer ca. 5.7 to 6.8 ℃, on average, in January, and thus its fauna and flora are significantly different from the mainland.

제3장 잠자리의 종류
List of odonate species

제3장 잠자리의 종류 List of odonate species

국내에 서식하고 있거나 매년 여름 비래하여 늦가을 유충은 죽는 종과 같이 실질적으로 존재를 확인할 수 있는 종을 리스트하면 2아목 10과 51속 94종이라고 할 수 있다. 본 도감은 이 94종에 대한 연구조사 결과를 핵심적으로 다루고, 비래기록 등만 존재하는 종들은 부록에서 소개한다. 94종 중 남방왕잠자리, 된장잠자리, 날개잠자리는 아열대종으로서 초여름 남쪽 나라에서 우리나라로 날아오는 비래종(飛來種)이다. 가을에는 하늘별박이왕잠자리, 두점배좀잠자리, 긴꼬리고추잠자리, 대륙고추좀잠자리 등이 비래하는데, 정착하여 한국에서 태어난 개체와 혼재되어 있다. 잠자리 국명은 정광수(2012)의 기준을 사용하였다.

잠자리목 Order Odonata Fabricius, 1783

한국에 서식하거나 매년 비래하는 종

Odonata that inhabit South Korea or migrate every year

I. 실잠자리아목 Suborder Zygoptera Selys, 1853

청실잠자리과 Family Lestidae Calvert, 1901

가는실잠자리속 Genus *Indolestes* Fraser, 1922

1. 가는실잠자리 *Indolestes peregrinus* (Ris, 1916)

묵은실잠자리속 Genus *Sympecma* Burmeister, 1839

2. 묵은실잠자리 *Sympecma paedisca* (Brauer, 1877)

청실잠자리속 Genus *Lestes* Leach, 1815

3. 좀청실잠자리 *Lestes japonicus* Selys, 1883
4. 큰청실잠자리 *Lestes temporalis* Selys, 1883

물잠자리과 Family Calopterygidae Selys, 1850

검은물잠자리속 Genus *Atrocalopteryx* Dumont, Vanfleteren, De Jonckheere & Weekers, 2005

5. 검은물잠자리 *Atrocalopteryx atrata* Selys, 1853

물잠자리속 Genus *Calopteryx* Leach, 1815

6. 물잠자리 *Calopteryx japonica* Selys, 1869

방울실잠자리과 Family Platycnemididae Tillyard, 1917

방울실잠자리속 Genus *Platycnemis* Burmeister, 1839

7. 방울실잠자리 *Platycnemis phyllopoda* Djakonov, 1926

자실잠자리속 Genus *Pseudocopera* Fraser, 1922

8. 자실잠자리 *Pseudocopera annulata* (Selys, 1863)
9. 큰자실잠자리 *Pseudocopera tokyoensis* Asahina, 1948

실잠자리과 Family Coenagrionidae Kirby, 1890

작은실잠자리속 Genus *Aciagrion* Selys, 1891

10. 작은실잠자리 *Aciagrion migratum* (Selys, 1876)

노란실잠자리속 Genus *Ceriagrion* Selys, 1876

11. 노란실잠자리 *Ceriagrion melanurum* Selys, 1876
12. 연분홍실잠자리 *Ceriagrion nipponicum* Asahina, 1967
13. 새노란실잠자리 *Ceriagrion auranticum* Fraser, 1922

실잠자리속 Genus *Coenagrion* Kirby, 1890

14. 참실잠자리 *Coenagrion johanssoni* (Wallengren, 1894)
15. 북방실잠자리 *Coenagrion lanceolatum* (Selys in Selys & McLachlan, 1872)

아시아실잠자리속 Genus *Ischnura* Charpentier, 1840

16. 아시아실잠자리 *Ischnura asiatica* (Brauer, 1865)
17. 북방아시아실잠자리 *Ischnura elegans* (Vander Linden, 1820)
18. 푸른아시아실잠자리 *Ischnura senegalensis* (Rambur, 1842)

황등색실잠자리속 Genus *Mortonagrion* Fraser, 1920

19. 황등색실잠자리 *Mortonagrion selenion* (Ris, 1916)

등줄실잠자리속 Genus *Paracercion* Weekers & Dumont, 2004

20. 등검은실잠자리 *Paracercion calamorum* (Ris, 1916)
21. 등줄실잠자리 *Paracercion hieroglyphicum* (Brauer, 1865)
22. 작은등줄실잠자리 *Paracercion melanotum* (Selys, 1876)
23. 큰등줄실잠자리 *Paracercion plagiosum* (Needham, 1929)
24. 왕등줄실잠자리 *Paracercion v-nigrum* (Needham, 1930)

II. 잠자리아목 Suborder Anisoptera Selys, 1840

왕잠자리과 Family Aeshnidae Rambur, 1842

긴무늬왕잠자리속 Genus *Aeschnophlebia* Selys, 1883

25. 큰무늬왕잠자리 *Aeschnophlebia anisoptera* Selys, 1883
26. 긴무늬왕잠자리 *Aeschnophlebia longistigma* Selys, 1883

별박이왕잠자리속 Genus *Aeshna* Fabricius, 1775

27. 참별박이왕잠자리 *Aeshna crenata* Hagen, 1856

28. 별박이왕잠자리 *Aeshna juncea* (Linnaeus, 1758)
29. 하늘별박이왕잠자리 *Aeshna mixta* Latreille, 1805

도깨비왕잠자리속 Genus *Anaciaeschna* Selys, 1878

30. 도깨비왕잠자리 *Anaciaeschna martini* (Selys, 1897)

왕잠자리속 Genus *Anax* Leach, 1815

31. 남방왕잠자리 *Anax guttatus* (Burmeister, 1839)
32. 먹줄왕잠자리 *Anax nigrofasciatus* Oguma, 1915
33. 왕잠자리 *Anax parthenope* (Selys, 1839)

개미허리왕잠자리속 Genus *Boyeria* McLachlan, 1896

34. 한국개미허리왕잠자리 *Boyeria karubei* Yokoi, 2002
35. 개미허리왕잠자리 *Boyeria maclachlani* Selys, 1883

잘록허리왕잠자리속 Genus *Gynacantha* Rambur, 1842

36. 잘록허리왕잠자리 *Gynacantha japonica* Bartenev, 1910

황줄왕잠자리속 Genus *Polycanthagyna* Fraser, 1933

37. 황줄왕잠자리 *Polycanthagyna melanictera* (Selys, 1883)

한라별왕잠자리속 Genus *Sarasaeschna* Karube & Yeh, 2001

38. 한라별왕잠자리 *Sarasaeschna pryeri* (Martin, 1909)

측범잠자리과 Family Gomphidae Rambur, 1842

마아키측범잠자리속 Genus *Anisogomphus* Selys, 1858

39. 마아키측범잠자리 *Anisogomphus maacki* (Selys in Selys & McLachlan, 1872)

산측범잠자리속 Genus *Asiagomphus* Asahina, 1985

40. 노란배측범잠자리 *Asiagomphus coreanus* (Doi & Okumura, 1937)
41. 산측범잠자리 *Asiagomphus melanopsoides* (Doi, 1943)

자루측범잠자리속 Genus *Burmagomphus* Williamson, 1907

42. 자루측범잠자리 *Burmagomphus collaris* (Needham, 1929)

쇠측범잠자리속 Genus *Davidius* Selys, 1878

43. 쇠측범잠자리 *Davidius lunatus* (Bartenev, 1914)

어리부채장수잠자리속 Genus *Gomphidia* Selys, 1854

44. 어리부채장수잠자리 *Gomphidia confluens* Selys, 1878

노란측범잠자리속 Genus *Lamelligomphus* Fraser, 1922

45. 노란측범잠자리 *Lamelligomphus ringens* (Needham, 1930)

고려측범잠자리속 Genus *Nihonogomphus* Oguma, 1926

46. 고려측범잠자리 *Nihonogomphus ruptus* (Selys, 1858)

측범잠자리속 Genus *Ophiogomphus* Selys, 1854

47. 측범잠자리 *Ophiogomphus obscurus* Bartenev, 1909

어리측범잠자리속 Genus *Shaogomphus* Chao, 1984

48. 어리측범잠자리 *Shaogomphus postocularis* (Selys, 1869)

어리장수잠자리속 Genus *Sieboldius* Selys, 1854

49. 어리장수잠자리 *Sieboldius albardae* Selys, 1886

부채장수잠자리속 Genus *Sinictinogomphus* Fraser, 1939

50. 부채장수잠자리 *Sinictinogomphus clavatus* (Fabricius, 1775)

안경잡이측범잠자리속 Genus *Stylurus* Needham, 1897

51. 호리측범잠자리 *Stylurus annulatus* (Djakonov, 1926)

가시측범잠자리속 Genus *Trigomphus* Bartenev, 1911

52. 가시측범잠자리 *Trigomphus citimus* (Needham, 1931)

53. 검정측범잠자리 *Trigomphus nigripes* (Selys, 1887)

장수잠자리과 Family Cordulegastridae Calvert, 1893

장수잠자리속 Genus *Anotogaster* Selys, 1854

54. 장수잠자리 *Anotogaster sieboldii* (Selys, 1854)

잔산잠자리과 Family Macromiidae Needham, 1903

산잠자리속 Genus *Epophthalmia* Burmeister, 1839

55. 산잠자리 *Epophthalmia elegans* Brauer, 1865

잔산잠자리속 Genus *Macromia* Rambur, 1842

56. 잔산잠자리 *Macromia amphigena* Selys, 1871

57. 노란잔산잠자리 *Macromia daimoji* Okumura, 1949

58. 만주잔산잠자리 *Macromia manchurica* Asahina, 1964

청동잠자리과 Family Corduliidae Selys, 1850

언저리잠자리속 Genus *Epitheca* Charpentier, 1825

59. 언저리잠자리 *Epitheca marginata* (Selys, 1883)

북방잠자리속 Genus *Somatochlora* Selys, 1871

60. 백두산북방잠자리 *Somatochlora clavata* Oguma, 1913
61. 참북방잠자리 *Somatochlora exuberata* Bartenev, 1910
62. 밑노란잠자리 *Somatochlora graeseri* (Selys, 1887)
63. 삼지연북방잠자리 *Somatochlora viridiaenea* (Uhler, 1858)

잠자리과 Family Libellulidae Rambur, 1842

남색이마잠자리속 Genus *Brachydiplax* Brauer, 1868

64. 남색이마잠자리 *Brachydiplax chalybea* Brauer, 1868

고추잠자리속 Genus *Crocothemis* Brauer, 1868

65. 고추잠자리 *Crocothemis servilia* (Drury, 1773)

밀잠자리붙이속 Genus *Deielia* Kirby, 1889

66. 어리밀잠자리(밀잠자리붙이) *Deielia phaon* (Selys, 1883)

대모잠자리속 Genus *Libellula* Linnaeus, 1758

67. 대모잠자리 *Libellula angelina* Selys, 1883
68. 넉점박이잠자리 *Libellula quadrimaculata* Linnaeus, 1758

배치레잠자리속 Genus *Lyriothemis* Brauer, 1868

69. 배치레잠자리 *Lyriothemis pachygastra* (Selys, 1878)

꼬마잠자리속 Genus *Nannophya* Rambur, 1842

70. 꼬마잠자리 *Nannophya pygmaea* Rambur, 1842

밀잠자리속 Genus *Orthetrum* Newman, 1833

71. 밀잠자리 *Orthetrum albistylum* (Selys, 1848)
72. 중간밀잠자리 *Orthetrum internum* McLachlan, 1894
73. 홀쭉밀잠자리 *Orthetrum lineostigma* (Selys, 1886)
74. 큰밀잠자리 *Orthetrum melania* (Selys, 1883)

된장잠자리속 Genus *Pantala* Hagen, 1861

75. 된장잠자리 *Pantala flavescens* (Fabricius, 1798)

노란허리잠자리속 Genus *Pseudothemis* Kirby, 1889

76. 노란허리잠자리 *Pseudothemis zonata* (Burmeister, 1839)

나비잠자리속 Genus *Rhyothemis* Hagen, 1867

77. 나비잠자리 *Rhyothemis fuliginosa* Selys, 1883

날개잠자리속 Genus *Tramea* Hagen, 1861

78. 날개잠자리 *Tramea virginia* (Rambur, 1842)

좀잠자리속 Genus *Sympetrum* Newman, 1833

79. 긴꼬리고추잠자리 *Sympetrum cordulegaster* (Selys, 1883)

80. 고추좀잠자리 *Sympetrum frequens* (Selys, 1883)

81. 대륙고추좀잠자리 *Sympetrum depressiusculum* (Selys, 1841)

82. 여름좀잠자리 *Sympetrum darwinianum* (Selys, 1883)

83. 두점박이좀잠자리 *Sympetrum eroticum* (Selys, 1883)

84. 흰얼굴좀잠자리 *Sympetrum kunckeli* (Selys, 1884)

85. 애기좀잠자리 *Sympetrum parvulum* Bartenev, 1912

86. 두점배좀잠자리 *Sympetrum fonscolombii* (Selys, 1840)

87. 깃동잠자리 *Sympetrum infuscatum* (Selys, 1883)

88. 들깃동잠자리 *Sympetrum risi* Bartenev, 1914

89. 산깃동잠자리 *Sympetrum baccha* (Selys, 1884)

90. 날개띠좀잠자리 *Sympetrum pedemontanum* (Muller in Allioni, 1766)

91. 하나잠자리 *Sympetrum speciosum* Oguma, 1915

92. 대륙좀잠자리 *Sympetrum striolatum* (Charpentier, 1840)

93. 노란잠자리 *Sympetrum croceolum* (Selys, 1883)

94. 진노란잠자리 *Sympetrum uniforme* (Selys, 1883)

제4장 개별 잠자리 소개
Introduction of odonate species

제4장 개별 잠자리 소개

Introduction of odonate species

앞장에서의 번호에 따라 개별 잠자리들을 소개한다.

청실잠자리과

Family Lestidae Calvert, 1901

청실잠자리과에는 전세계적으로 9속 148종의 잠자리가 있으며, 한국에는 3속 4종만이 서식한다. 날개를 펴고 앉는 특성이 있는 실잠자리과인데, 국내 4종 중 좀청실잠자리와 큰청실잠자리만이 날개를 펴고 앉는다.

소 개

1. 가는실잠자리 *Indolestes peregrinus* (Ris, 1916)
2. 묵은실잠자리 *Sympecma paedisca* (Brauer, 1877)
3. 좀청실잠자리 *Lestes japonicus* Selys, 1883
4. 큰청실잠자리 *Lestes temporalis* Selys, 1883

1. 가는실잠자리

Indolestes peregrinus (Ris, 1916)

①

②

③

④

• 성충 몸길이 Adult body length [mm]

	whole body	head & thorax	abdomen & app.	forewing & hindwing
♂	35~39	6.5~7	28~32	19~21
♀	35~36	7~7.5	28~28.5	20~21

전국적으로 분포하고 서식지는 흔하지 않고 개체밀도는 낮은 편이다. 내륙에서는 4월말에서 5월까지 짝짓기한다. 제주에서는 4월 중순부터 8월까지 지속적으로 짝짓기가 이루어지고 9월에는 2세대가 우화한다. 평지와 낮은 산지의 연못, 논에 서식하며, 암수 연결 혹은 암놈 단독으로 풀줄기에 산란한다. 1년 1~2세대이고 성충으로 월동한다.

[유충] 몸길이 23~25 mm. 등가시와 옆가시는 없다. 진흙바닥에 서식한다. 매우 예민하고 움직임이 빠르다.

• Distributed nationwide, habitats uncommon, & population density low; • Mating from late Apr. to May at mainland, whereas from mid Apr. to Aug. & 2nd generation in Sep. at Jeju Island; • Inhabiting small ponds at lowland & paddy fields; • Ovipositing in tandem or alone on plant stems; • 1~2 generations in a year & overwintering as adults

[Larva] • Body length 23~25 mm; • Dorsal & lateral spines absent; • Inhabiting muddy substrates; • Very sensitive & agile

⑤

① ♂. 2012-5-21. 경기 구리 ② ♀. 2012-4-30. 경기 구리 ③ ④ ♂♀ ⑤ 유충. 2019-7-29. 경기 수원 ⑥ ♀ 우화 부전. 2019-8-6 ⑦ 분포 ⑧ ♂. 2012-4-30. 경기 구리

⑥

⑦

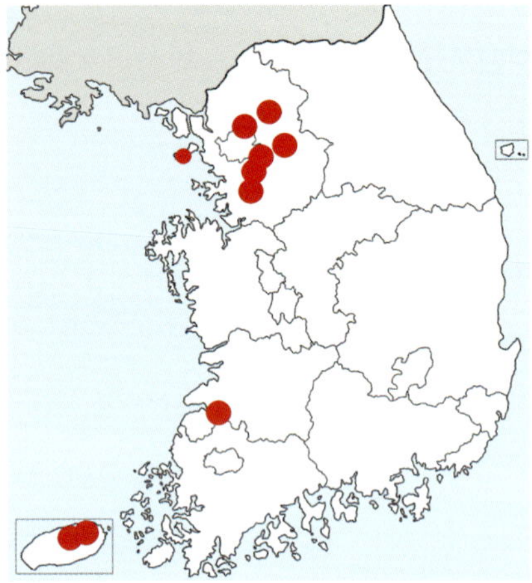

⑧

2. 묵은실잠자리

Sympecma paedisca (Brauer, 1877)

• 성충 몸길이 Adult body length [mm]

	whole body	head & thorax	abdomen & app.	forewing & hindwing
♂	35~37	8~9	27~28	20~22
♀	35~38	8.5~9.5	26.5~28.5	21~23

전국적으로 분포하고 서식지는 적지 않고 개체밀도는 보통이다. 4월말에서 5월까지 짝짓기한다. 평지의 논과 낮은 산지의 습지성 연못에 서식하며 암수 연결 혹은 암놈 단독 산란한다. 1년 1세대이고 성충으로 월동한다. 겨울에도 햇살이 따스하고 온도가 올라가는 날이 있는데, 이런 날에는 가끔씩 먹이사냥 하는 것을 관찰할 수 있다.

[유충] 몸길이 24~26 mm. 등가시와 옆가시는 없다. 진흙바닥에 서식한다. 움직임이 빠르고 민감하며 난폭하다. 아가미에 색 편차가 있다(Fig. ⑤a).

• Distributed nationwide, habitats not uncommon, & population density medium; • Mating from late Apr. to May; • Inhabiting paddy fields & marshy ponds at lowland; • Ovipositing in tandem or alone on plant stems; • 1 generation in a year & overwintering as adults; • Waking up & hunting on warm winter days

[Larva] • Body length 24~26 mm; • Dorsal & lateral spines absent; • Inhabiting muddy substrates; • Fast, sensitive, & ferocious; • Variation in colouration on gills (Fig. ⑤a)

⑤

a

① ♂. 2013-5-11. 경기 광명 ② ♀. 2013-5-11. 경기 광명 ③ ④ ♂♀
⑤ 유충. 2019-7-29. 경기 수원. a - 색 편차 ⑥ ♂ 우화. 2019-8-5; ♀ 우화. 2019-8-3
⑦ 분포 ⑧ ♂. 2012-4-30. 경기 구리

⑥

⑦

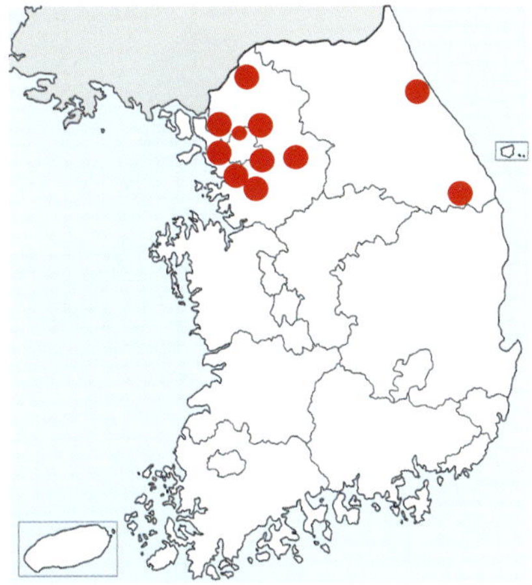

⑧

3. 좀청실잠자리

Lestes japonicus Selys, 1883

①

②

③
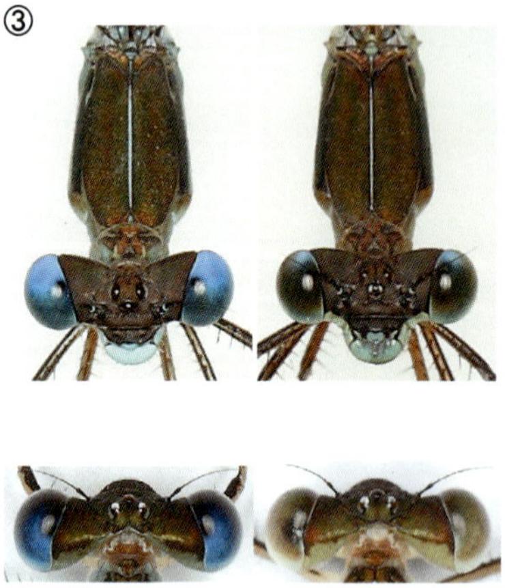

④

• 성충 몸길이 Adult body length [mm]

	whole body	head & thorax	abdomen & app.	forewing & hindwing
♂	39~42	8.5~9	30.5~33	20~21
♀	38~42	8.5~9.5	29.5~32.5	22~23

전국적으로 분포하고 서식지는 많지 않고 개체밀도는 낮은 편이다. 8월말에서 10월까지 짝짓기한다. 평지와 산지의 습지성 연못에 서식하며 암수 연결 산란한다. 1년 1세대이고 알로 월동한다. Spreadwings 즉, 날개를 편 채로 앉는 특징을 가지고 있다.

[유충] 몸길이 27~28 mm. 등가시와 옆가시는 없다. 진흙바닥에 서식한다. 예민하고 움직임이 빠르다.

• Distributed nationwide, habitats uncommon, & population density rather low; • Mating from late Aug. to Oct.; • Inhabiting marshy ponds at flatland & low mountains; • Ovipositing in tandem on plant stems; • 1 generation in a year & overwintering as eggs; • Perching with spread wings

[Larva] • Body length 27~28 mm; • Dorsal & lateral spines absent; • Inhabiting muddy substrates; • Sensitive & agile

⑤

① ♂. 2012-9-7. 서울 마포 ② ♀. 2012-9-7. 서울 마포 ③ ④ ♂♀
⑤ 유충. 2019-6-28. 서울 마포 ⑥ ♂ 우화. 2019-7-6; ♀ 우화. 2019-7-6 ⑦ 분포
⑧ ♂. 2011-10-3. 경기 연천 ⑨ ♀. 2012-9-15. 서울 마포

⑥

⑦
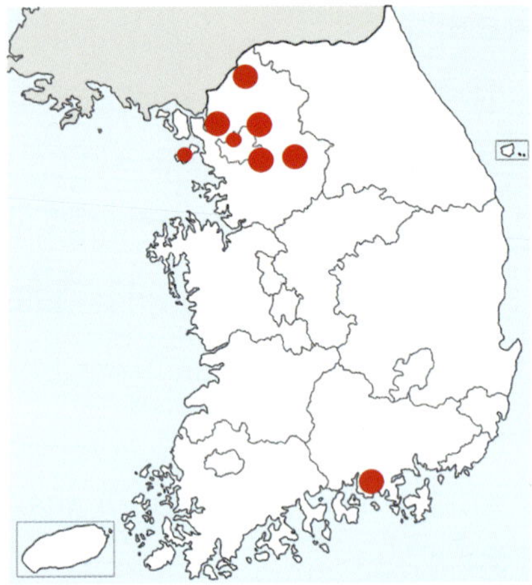

⑧

⑨

4. 큰청실잠자리

Lestes temporalis Selys, 1883

①

②

③

④

• 성충 몸길이 Adult body length [mm]

	whole body	head & thorax	abdomen & app.	forewing & hindwing
♂	44~49	8.5~9	35.5~40	23~26
♀	38~42	8.5~9.5	31.5~35.5	25~28

전국적으로 분포하고 서식지는 적지 않은 편이고 개체밀도는 다소 낮은 편이다. 8월말에서 10월까지 짝짓기한다. 평지에서 높은 산지까지 연못과 습지에 서식하며 암수 연결 혹은 단독으로 수생식물과 나뭇가지에 산란한다. 1년 1세대이고 알로 월동한다. 날개를 편 채로 앉는다.

[유충] 몸길이 29~30 mm. 등가시와 옆가시는 없다. 진흙바닥에 서식한다. 움직임이 빠르고 매우 난폭하다. 아가미에 색 편차가 있다(Fig. ⑤a).

• Distributed nationwide, habitats not uncommon, & population density rather low; • Mating from late Aug. to Oct.; • Inhabiting ponds & marshes at lowland & high mountains; • Ovipositing in tandem or alone on aquatic plants & tree branches; • 1 generation in a year & overwintering as eggs; • Perching with spread wings

[Larva] • Body length 29~30 mm; • Dorsal & lateral spines absent; • Inhabiting muddy substrates; • Agile & very ferocious; • Variation in colouration on gills (Fig. ⑤a)

⑤

① ♂. 2012-9-15. 서울 강동 ② ♀. 2012-9-24. 강원 정선 ③ ④ ♂♀
⑤ 유충. 2019-6-13. 경기 연천. a - 색 편차 ⑥ ♀ 우화. 2019-6-21
⑦ 분포 ⑧ ⑨ ♂♀. ♀. 교미와 산란. 2011-10-3. 경기 연천

⑥

⑦

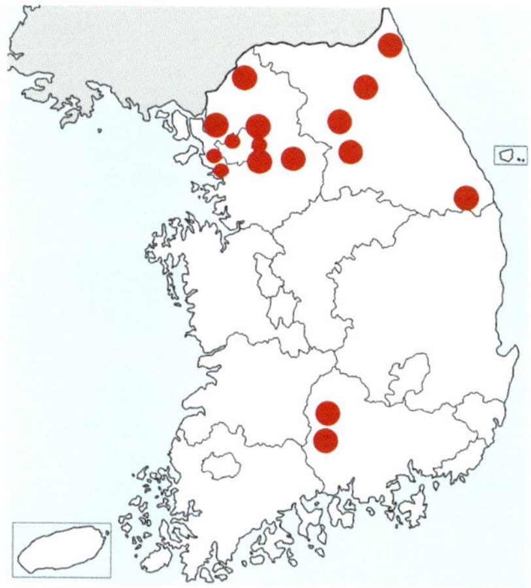

⑧

⑨

청실잠자리과 구분

Distinction in Family Lestidae

a – 가는실; b – 묵은실 a – *Indolestes peregrinus*; b – *Sympecma paedisca*

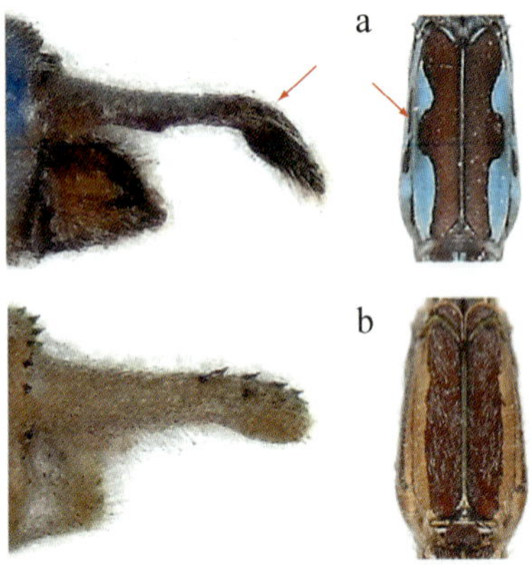

[성충] 부속기 옆면, 등가슴: **a** – 상부속기는 아래로 꺾여있다. 밤색 영역 형태가 다르다.

[Adult] Cercus & paraproct in lateral view, prothorax: **a** – Cercus bent downward; Shape of dark brownish area on prothorax different

[유충] 머리 앞면, 아가미: **a** – 겹눈에 세로 줄무늬가 명확히 있다. **b** – 아가미 폭이 넓고 검은 실루엣이 확연하다.

[Larva] Head in anterior view, gill: **a** – Clear vertical stripes on compound eyes; **b** – Gill wider, with black silhouette

a – 좀청실; b – 큰청실 a – *L. japonicus*; b – *L. temporalis*

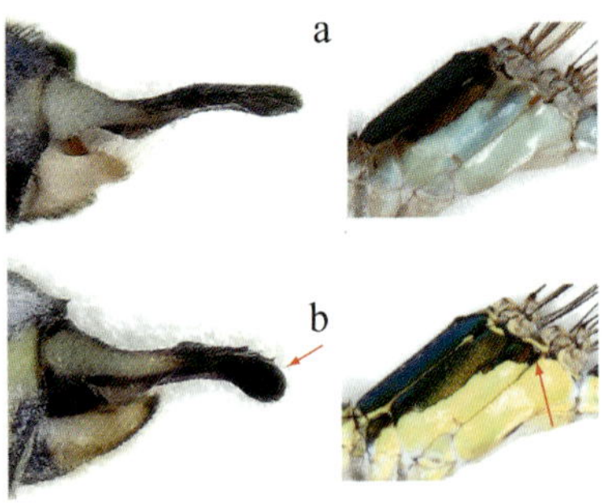

[성충] 부속기 옆면, 옆가슴: **b** – 상부속기는 아래로 구부러져 있다. 옆가슴 무늬가 다르다.

[Adult] Cercus & paraproct in lateral view, pterothorax: **b** – Cercus curved downward; Shape of dark area on pterothorax different

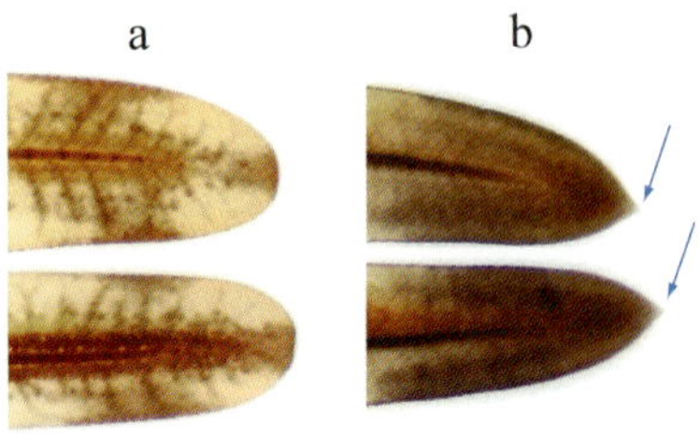

[유충] 아가미: **b** – 아가미 끝이 뾰족하고 검다.

[Larva] Gills: **b** – Tips of gills pointy & dark

물잠자리과

Family Calopterygidae Selys, 1850

물잠자리과에는 전세계적으로 21속 184종의 잠자리가 있으며, 한국에는 2속 2종만이 서식한다.

소 개

5. 검은물잠자리 *Atrocalopteryx atrata* Selys, 1853
6. 물잠자리 *Calopteryx japonica* Selys, 1869

5. 검은물잠자리

Atrocalopteryx atrata Selys, 1853

①

②

③

④

- 성충 몸길이 Adult body length [mm]

	whole body	head & thorax	abdomen & app.	forewing & hindwing
♂	62~68	11.5~12	50.5~53	40~44
♀	60~63	11~12	49~51	41~45

전국적으로 분포하고 서식지는 흔하며 개체밀도도 높다. 6월말에서 8월까지 짝짓기한다. 평지에서 산지까지 중소 규모의 하천에 서식하며 암수 연결 혹은 단독으로 수생식물에 산란한다. 1~2년 1세대이고 유충으로 월동한다. 암수 모두 날개에 연문이 없다.

[유충] 몸길이 42~46 mm. 등가시와 옆가시는 없다. 모래바닥과 수생식물에 머문다.

• Distributed nationwide, habitats common, & population density high; • Mating from late Jun. to Aug.; • Inhabiting small & mid-sized streams; • Ovipositing in tandem or alone on aquatic weeds; • 1 generation in 1~2 years & overwintering as larvae; • Pterostigma

⑤

① ♂. 2012-7-13. 서울 마포 ② ♀. 2012-7-13. 서울 마포 ③ ④ ♂♀
⑤ 유충. 2020-4-14. 충북 보은 ⑥ ♂. 2013-8-21. 서울 마포 ⑦ 분포
⑧ ♀. 2009-8-17. 충북 괴산 ⑨ ♂♀. 교미. 2009-8-10. 충북 괴산

⑥

⑦
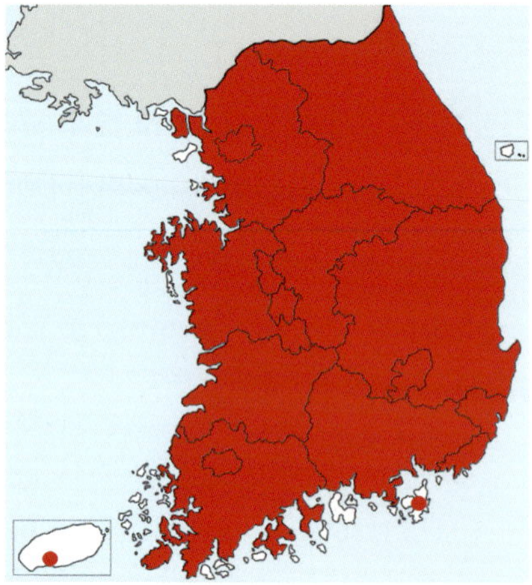

⑧

⑨

6. 물잠자리

Calopteryx japonica Selys, 1869

①

②

③

④

• 성충 몸길이 Adult body length [mm]

	whole body	head & thorax	abdomen & app.	forewing & hindwing
♂	55~59	11~11.5	44~47.5	34~38
♀	51~56	11~11.5	40~44.5	36~41

전국적으로 분포하고 서식지는 흔하고 개체밀도는 보통이다. 5월말에서 7월초까지 짝짓기한다. 평지에서 산지까지의 작은 하천에 서식하며, 암수 연결 혹은 단독으로 수생식물에 산란한다. 1년 1세대이고 유충으로 월동한다. 수놈 제8~10배마디와 하부속기 밑면이 흰색이고, 암놈은 날개에 흰색 연문이 있다.

[유충] 몸길이 43~46 mm. 등가시와 옆가시는 없다. 모래바닥과 수생식물에 머문다.

• Distributed nationwide, habitats common, & population density medium; • Mating from late May to early Jul.; • Inhabiting small streams at flatland & mountains; • Ovipositing in tandem or alone on aquatic weeds; • 1 generation in a year & overwintering as larvae; • Male – ventral sides of abdominal S8 to S10 & paraprocts white; • Female – white pterostigma present

[Larva] • Body length 43~46 mm; • Dorsal & lateral spines absent; • Staying on sandy sediment & aquatic plants

⑤

① ♂. 2011-6-3. 서울 마포 ② ♀. 2011-6-14. 서울 마포 ③ ④ ♂♀
⑤ 유충. 2020-4-14. 충북 보은 ⑥ ♂ 우화. 2020-4-6; ♀ 우화. 2016-6-12
⑦ 분포 ⑧ ♂. 2012-7-2. 서울 마포 ⑨ ♀. 2009-6-22. 서울 서초

⑥

⑦
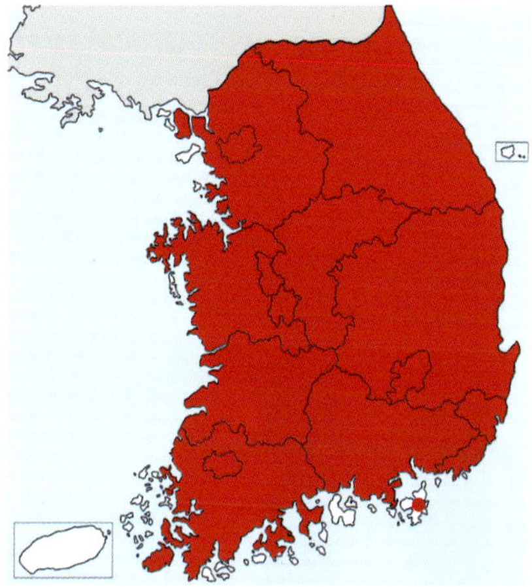

물잠자리과 구분

Distinction in Family Calopterygidae

a – 검은물; b – 물 a – *Atrocalopteryx atrata*; b – *Calopteryx japonica*

[성충] **b** – 크기가 작고, 수놈 제8~10배마디 밑면과 하부속기는 흰색이고, 암놈 날개에 흰색 연문이 있다.

[Adult] **b** – Size smaller; Male, ventral sides of S8 to S10 & paraprocts white; Female, white pterostigma

[유충] 머리와 등가슴 윗면: **a** – 밝은 갈색 무늬가 다르다. 뒷날개집이 넓다.

[Larva] Head & prothorax in dorsal view: **a** – Light brown pattern different; Hindwing sheath wider

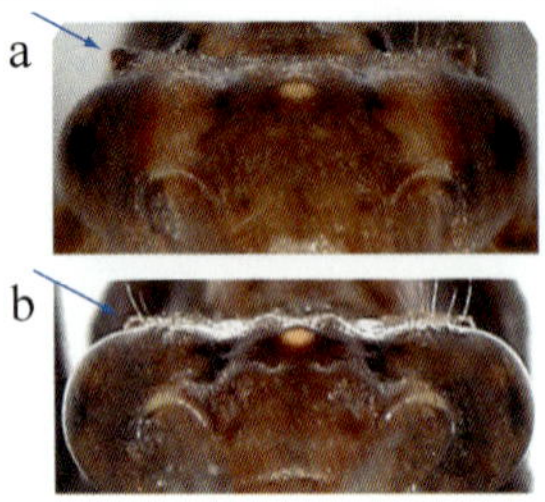

[유충] 머리 앞면: **a** – 겹눈 뒤 돌기가 크다.

[Larva] Head in anterior view: **a** – Horn-like prominences on the posterior corners of occiput larger

방울실잠자리과

Family Platycnemididae Tillyard, 1917

방울실잠자리과에는 전세계적으로 42속 474종의 잠자리가 있으며, 한국에는 2속 3종만이 서식한다. 수놈의 가운데와 뒷다리가 하얗게, 종마다 정도의 차이는 있지만, 부풀어 있는 특징을 가지고 있다.

소 개

7. 방울실잠자리 *Platycnemis phyllopoda* Djakonov, 1926
8. 자실잠자리 *Pseudocopera annulata* (Selys, 1863)
9. 큰자실잠자리 *Pseudocopera tokyoensis* Asahina, 1948

7. 방울실잠자리

Platycnemis phyllopoda Djakonov, 1926

①

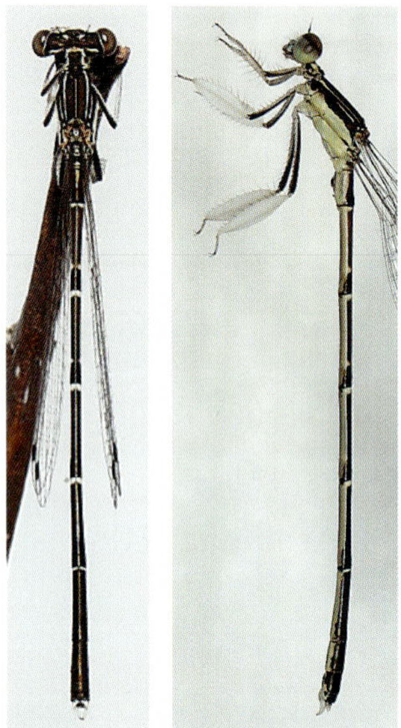

②

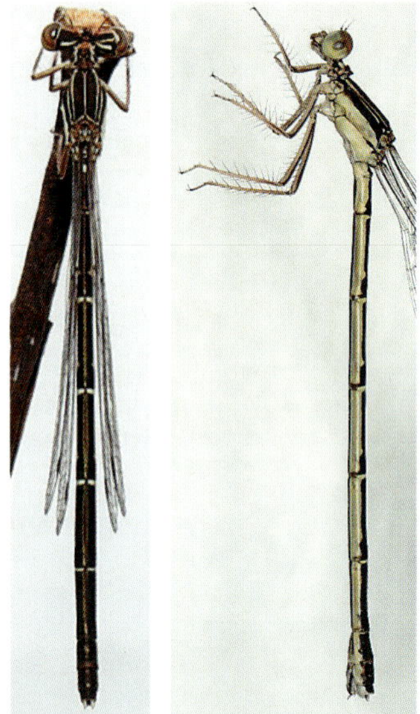

③

④

- 성충 몸길이 Adult body length [mm]

	whole body	head & thorax	abdomen & app.	forewing & hindwing
♂	36~40	7.5~8	28.5~32	18~20
♀	34~36	7.5~8	26.5~28	20~21

전국적으로 분포하고 서식지는 흔하며 개체밀도는 보통 수준이다. 6월에서 8월까지 짝짓기한다. 전국의 하천과 강에 서식하며 암수 연결되어 수생식물에 산란한다. 1년 1세대이고 유충으로 월동한다. 수놈의 가운데와 뒷다리 경절이 밥풀처럼 하얗게 부풀어 있다.

[유충] 몸길이 18~19 mm. 등가시와 옆가시는 없다. 진흙바닥에 서식한다. 움직임이 매우 느리다. 방울실과 3종 유충은 검은색에 흐느적거려 생명체가 아니라 죽은 물풀처럼 보인다. 다른 큰 잠자리 유충은 바로 코앞에 있어도 이들을 거의 공격하지 않는데, 이들 유충의 생존을 위한 진화전략으로 보인다.

• Distributed nationwide, habitats common, & population density medium; • Mating from Jun. to Aug.; • Inhabiting streams & rivers; • Ovipositing in tandem on aquatic weeds; • 1 generation in a year & overwintering as larvae; • Male – tibias of middle & hind legs swollen white

[Larva] • Body length 18~19 mm; • Dorsal & lateral spines absent; • Inhabiting muddy substrates; • Movement very slow; • Three

⑤

platycnemidid larvae are blackish & limp, looking like a dead plant in the water. Larger predatory odonate larvae hardly recognize them as living things even under their very nose, not attacking, which seems their evolution strategy for survival.

① ♂. 2012-6-3. 서울 마포 ② ♀. 2012-6-3. 서울 마포 ③ ④ ♂♀
⑤ 유충. 2019-4-23. 서울 마포 ⑥ ♂ 우화. 2019-5-1 ⑦ 분포
⑧ ♂. 2012-7-7. 서울 마포 ⑨ ♂♀. 산란. 2012-6-3. 서울 마포

⑥

⑦
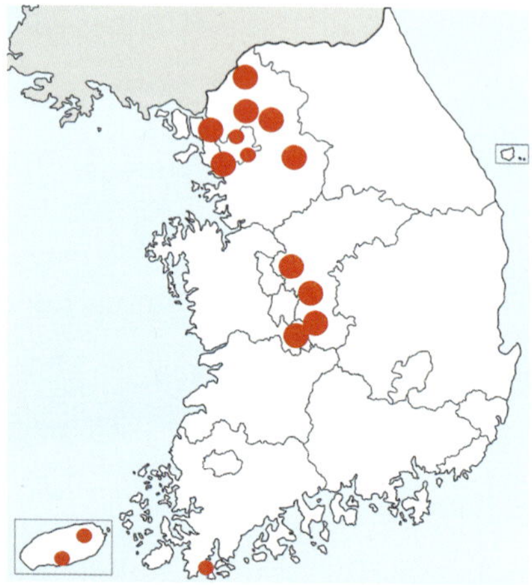

⑧

⑨

8. 자실잠자리

Pseudocopera annulata (Selys, 1863)

①

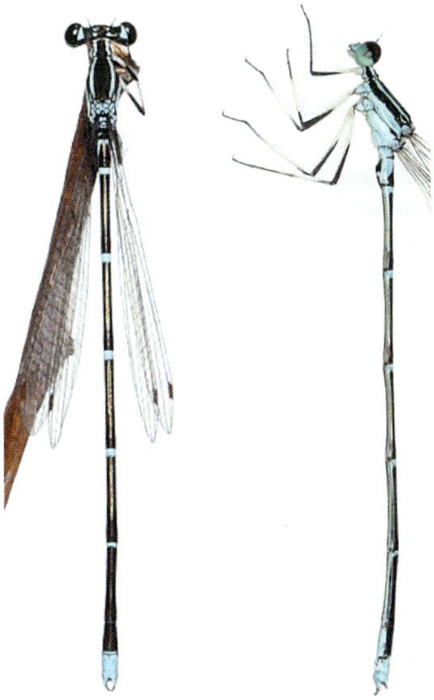

②

③

④

- 성충 몸길이 Adult body length [mm]

	whole body	head & thorax	abdomen & app.	forewing & hindwing
♂	44~48	8~9	36~39	24~25
♀	42~45	8~8.5	34~36.5	24~26

전남지역에 집중 분포하고 전남에서는 서식지가 흔하고 개체밀도도 높은 편이다. 그 외 지역에서는 극소수가 관찰된다. 6월 중순에서 8월까지 짝짓기한다. 유속이 느린 하천이 주서식지이고 연못에도 서식한다. 암수 연결되어 수생식물에 산란한다. 1년 1세대이고 유충으로 월동한다.

[유충] 몸길이 27~29 mm. 등가시와 옆가시는 없다. 하천 모래바닥, 연못 진흙바닥에 서식한다. 움직임이 매우 느리다.

• Mainly distributed in southwestern region in which habitats common & population density rather high; very scarce in other regions; • Mating from mid Jun. to Aug.; • Inhabiting slow streams & occasionally in ponds; • Ovipositing in tandem on aquatic weeds; • 1 generation in a year & overwintering as larvae

[Larva] • Body length 27~29 mm; • Dorsal & lateral spines absent; • Inhabiting sandy sediment or muddy substrates; • Movement very slow

① ♂. 2012-7-7. 전남 화순 ② ♀. 2012-7-7. 전남 화순 ③ ④ ♂♀
⑤ 유충. 2019-6-9. 전남 곡성 ⑥ ♂ 우화. 2019-6-10 ⑦ 분포
⑧ ⑨ ♂. 2014-6-13,14. 전남 영암

⑤

⑥

⑦
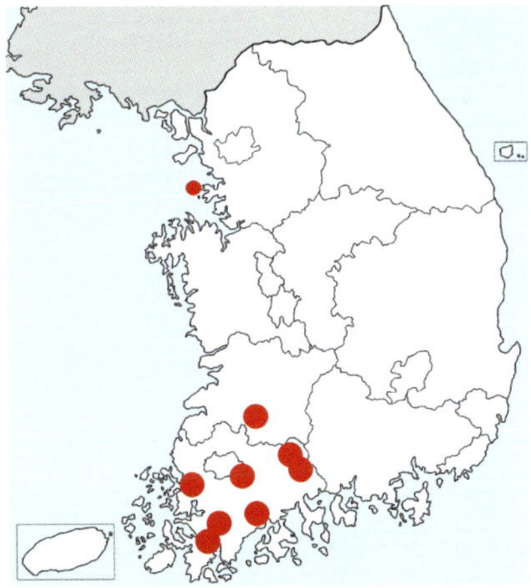

⑧

⑨

9. 큰자실잠자리

Pseudocopera tokyoensis Asahina, 1948

①

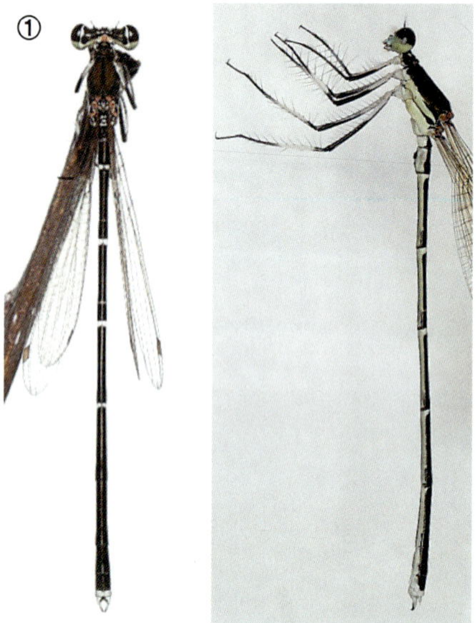

②

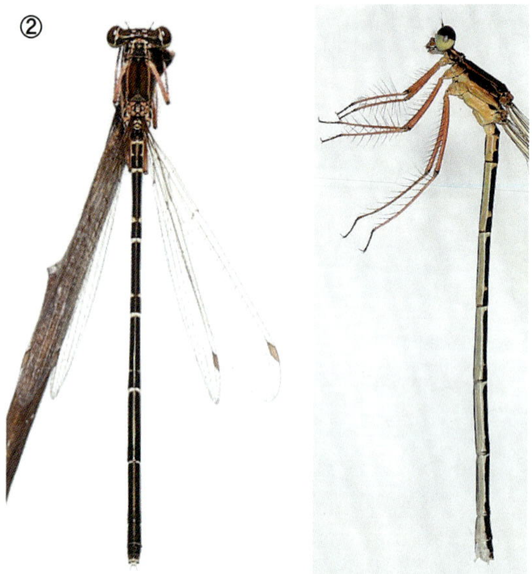

③

④

- 성충 몸길이 Adult body length [mm]

	whole body	head & thorax	abdomen & app.	forewing & hindwing
♂	44~45	9	35~36	22~24
♀	42~46	9~9.5	33~35.5	24~26

전국적으로 분포하고 서식지는 흔하지 않고 개체밀도는 다소 낮은 편이다. 5월 하순에서 7월까지 짝짓기한다. 평지와 낮은 산지의 연못과 습지에 서식한다. 암수 연결되어 수생식물에 산란한다. 1년 1세대이고 유충으로 월동한다.

[유충] 몸길이 27~32 mm. 등가시와 옆가시는 없다. 진흙바닥에 서식한다. 움직임이 매우 느리다.

• Distributed nationwide, habitats uncommon, & population density rather low; • Mating from late May to Jul.; • Inhabiting ponds & marshes at flatland & low mountains; • Ovipositing in tandem on aquatic weeds; • 1 generation in a year & overwintering as larvae

[Larva] • Body length 27~32 mm; • Dorsal & lateral spines absent; • Inhabiting muddy substrates; • Movement very slow

① ♂. 2012-5-28. 경기 파주 ② ♀. 2012-5-28. 경기 파주 ③ ④ ♂♀
⑤ 유충. 2019-6-10. 경기 파주 ⑥ ♀ 우화. 2019-6-12 ⑦ 분포
⑧ ♂. 2012-5-28. 경기 파주 ⑨ ♀. 2012-5-25. 경기 파주

⑤

⑥

⑦
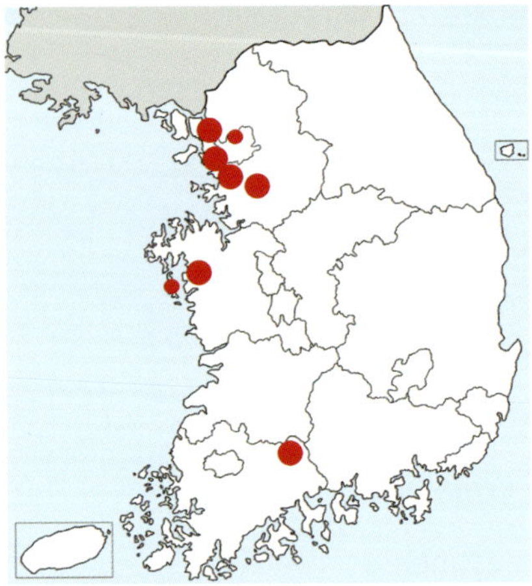

⑧

⑨

방울실잠자리과 구분

Distinction in Family Platycnemididae

a – 자실; b – 큰자실 a – *P. annulata*; b – *P. tokyoensis*

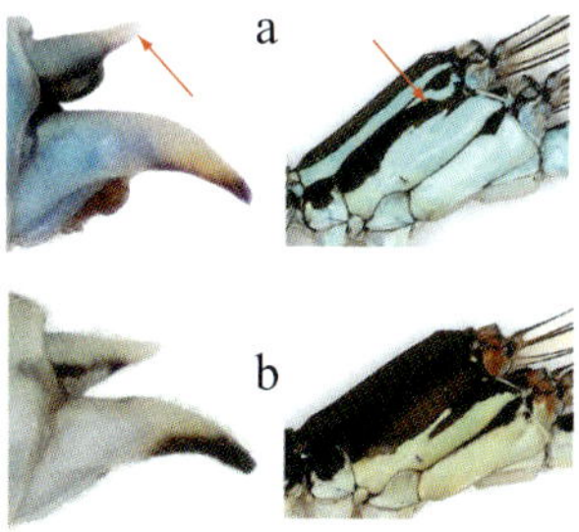

[성충] 부속기 옆면, 옆가슴: **a** – 상부속기는 위로 향해 있고, 옆가슴에 검은 부분 형태가 다르다.

[Adult] Cercus & paraproct in lateral view, pterothorax: **a** – Cercus upturned; Blackish area on pterothorax different

[유충] [각 종 20개체 이상 조사한 결과] 두 종의 체형에는 차이가 없고, 종마다 몸길이에 편차가 있고, 종마다 아가미 무늬와 시맥의 가시성에 편차가 있어, 일관성 있는 차이점은 발견되지 않는다.

[Larva] [Based on investigating more than 20 individuals for each species] No difference in habitus; Variation in body length; Variation in pattern & visibility of veins on gills for each species; Consistent difference not found between the two species

실잠자리과

Family Coenagrionidae Kirby, 1890

실잠자리과에는 전세계적으로 121속 1,354종의 잠자리가 있으며, 한국에는 6속 15종이 서식한다.

소 개

10. 작은실잠자리 *Aciagrion migratum* (Selys, 1876)
11. 노란실잠자리 *Ceriagrion melanurum* Selys, 1876
12. 연분홍실잠자리 *Ceriagrion nipponicum* Asahina, 1967
13. 새노란실잠자리 *Ceriagrion auranticum* Fraser, 1922
14. 참실잠자리 *Coenagrion johanssoni* (Wallengren, 1894)
15. 북방실잠자리 *Coenagrion lanceolatu*m (Selys in Selys & McLachlan, 1872)
16. 아시아실잠자리 *Ischnura asiatica* (Brauer, 1865)
17. 북방아시아실잠자리 *Ischnura elegan*s (Vander Linden, 1820)
18. 푸른아시아실잠자리 *Ischnura senegalensis* (Rambur, 1842)
19. 황등색실잠자리 *Mortonagrion selenion* (Ris, 1916)
20. 등검은실잠자리 *Paracercion calamorum* (Ris, 1916)
21. 등줄실잠자리 *Paracercion hieroglyphicum* (Brauer, 1865)
22. 작은등줄실잠자리 *Paracercion melanotum* (Selys, 1876)
23. 큰등줄실잠자리 *Paracercion plagiosum* (Needham, 1929)
24. 왕등줄실잠자리 *Paracercion v-nigrum* (Needham, 1930)

10. 작은실잠자리

Aciagrion migratum (Selys, 1876)

①

②
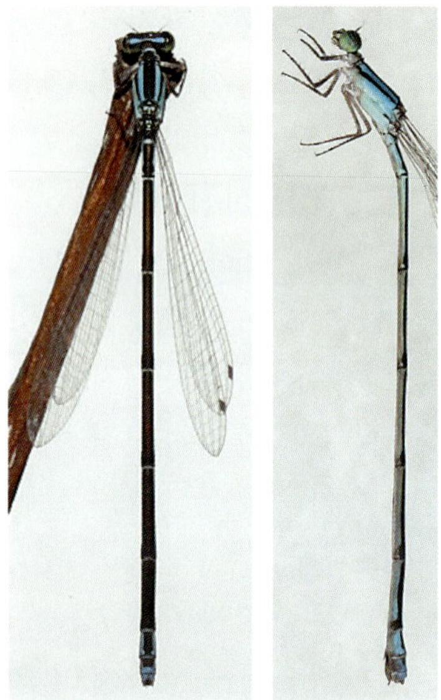

③

• 성충 몸길이 Adult body length [mm]

	whole body	head & thorax	abdomen & app.	forewing & hindwing
♂	36	7	29	20
♀	37	7	30	22

제주에만 분포하고 서식지는 희귀하며 개체밀도는 매우 낮다. 7월에서 9월초까지 짝짓기한다. 평지의 숲속 연못에 서식한다. 암수 연결되어 수생식물에 산란한다. 1년 1세대이고 성충으로 월동한다.

• Distributed in Jeju Island only, habitats vary scarce, & population density extremely low; • Mating from Jul. to early Sep.; • Inhabiting forest ponds at flatland; • Ovipositing in tandem on aquatic weeds; • 1 generation in a year & overwintering as adults

① ♂. 2012-7-10. 제주 북제주 ② ♀. 2012-7-10. 제주 북제주 ③ ♂♀
④ 분포 ⑤ ♂. 2012-7-10. 제주 북제주

④

⑤

11. 노란실잠자리

Ceriagrion melanurum Selys, 1876

①

②

③

④

• 성충 몸길이 Adult body length [mm]

	whole body	head & thorax	abdomen & app.	forewing & hindwing
♂	38~42	8~9	30~33	21~23
♀	40~46	9~10	31~36	23~24

서식지는 점점 늘어나 전국적으로 분포하고 개체밀도는 보통이다. 6월말에서 9월초까지 짝짓기한다. 평지와 산지의 연못에 서식한다. 덩치가 크고 사나와 자기보다 작은 실잠자리를 많이 잡아먹는 특성이 있다. 암수 연결되어 수생식물에 산란한다. 1년 1~2세대이고 유충으로 월동한다.

[유충] 몸길이 21~22 mm. 등가시와 옆가시는 없다. 진흙바닥에 서식한다.

• Habitats continuously expanding, today distributed nationwide, & population density medium; • Mating from late Jun. to early Sep.; • Inhabiting ponds at flatland & mountains; • Commonly hunting smaller zygopterans; • Ovipositing in tandem on aquatic weeds; • 1~2 generations in a year & overwintering as larvae

[Larva] • Body length 21~22 mm; • Dorsal & lateral spines absent; • Inhabiting muddy substrates

① ♂. 2012-7-9. 제주 북제주 ② ♀. 2012-7-9. 제주 북제주 ③ ④ ♂♀
⑤ 유충. 2019-5-9. 경기 양평 ⑥ ♂ 우화. 2020-6-14; ♀ 우화. 2019-5-24
⑦ 분포 ⑧ ♂. 2012-7-9. 제주 북제주 ⑨ ♂♀. 산란. 2014-7-10. 경남 산청

⑤

⑥

⑦

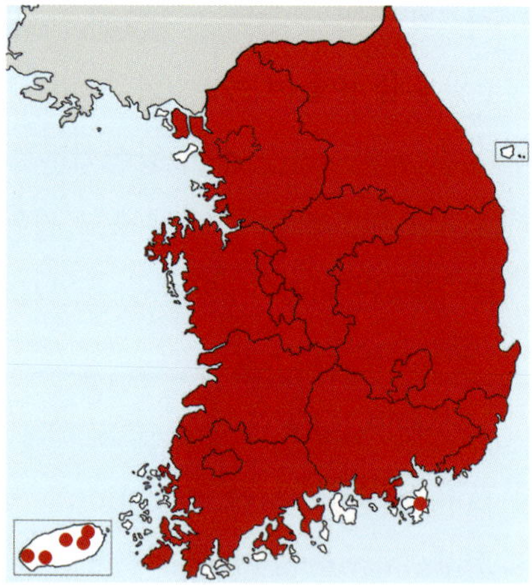

⑧

⑨

12. 연분홍실잠자리

Ceriagrion nipponicum Asahina, 1967

①

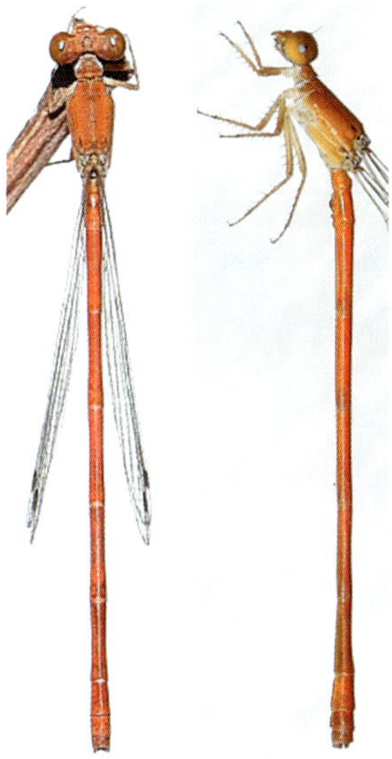

②

③

④

• 성충 몸길이 Adult body length [mm]

	whole body	head & thorax	abdomen & app.	forewing & hindwing
♂	36~41	8	28~33	19~23
♀	38~41	8~8.5	30~32.5	21~25

서식지는 점점 늘어나 전국적으로 분포하고 개체밀도는 낮은 편이다. 6월말에서 9월까지 짝짓기한다. 평지와 산지의 연못과 습지에 서식한다. 암수 연결되어 수생식물에 산란한다. 1년 1~2세대이고 유충으로 월동한다.

[유충] 몸길이 18~19 mm. 등가시와 옆가시는 없다. 진흙바닥에 서식한다.

• Habitats continuously expanding, today distributed nationwide, & population density low; • Mating from late Jun. to Sep.; • Inhabiting ponds & marshes at flatland & mountains; • Ovipositing in tandem on aquatic weeds; • 1~2 generations in a year & overwintering as larvae

[Larva] • Body length 18~19 mm; • Dorsal & lateral spines absent; • Inhabiting muddy substrates

① ♂. 2012-8-11. 충북 청주 ② ♀. 2013-7-1. 충북 청주 ③ ④ ♂♀
⑤ 유충. 2019-5-9. 경기 양평 ⑥ ♀ 우화부전. 2019-5-17 ⑦ 분포
⑧ ♂. 2012-8-11. 충북 청주 ⑨ ♂♀. 교미. 2014-7-11. 전남 영암

⑤

⑥

⑦
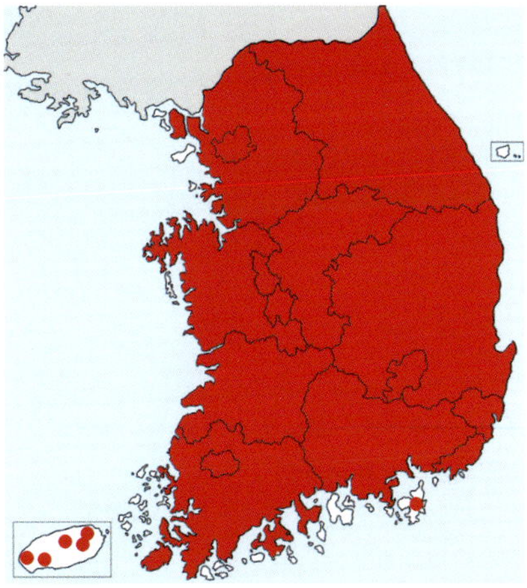
⑧

⑨

13. 새노란실잠자리

Ceriagrion auranticum Fraser, 1922

①

②

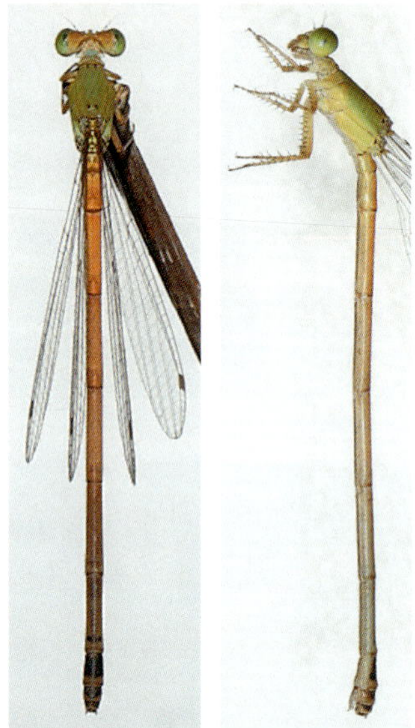

③

④

• 성충 몸길이 Adult body length [mm]

	whole body	head & thorax	abdomen & app.	forewing & hindwing
♂	39~41	8	31~33	21
♀	41~43	8~8.5	33~34.5	23

청서식지는 점점 늘어나 전국적으로 분포하고 개체밀도는 낮은 편이다. 6월말에서 9월까지 짝짓기한다. 평지와 산지의 연못과 습지에 서식한다. 암수 연결되어 수생식물에 산란한다. 1년 1~2세대이고 유충으로 월동한다.

[유충] 몸길이 18~19 mm. 등가시와 옆가시는 없다. 진흙바닥에 서식한다.

• Habitats continuously expanding, today distributed nationwide, & population density low; • Mating from late Jun. to Sep.; • Inhabiting ponds & marshes at flatland & mountains; • Ovipositing in tandem on aquatic weeds; • 1~2 generations in a year & overwintering as larvae

[Larva] • Body length 18~19 mm; • Dorsal & lateral spines absent; • Inhabiting muddy substrates

① ♂. 2012-6-26. 제주 북제주 ② ♀. 2012-6-26. 제주 북제주 ③ ④ ♂♀
⑤ 유충. 2019-6-11. 경기 양평 ⑥ ♀ 우화. 2019-6-10 ⑦ 분포
⑧ ⑨ ♂. 2012-6-25. 제주 북제주

⑤

⑥

⑦
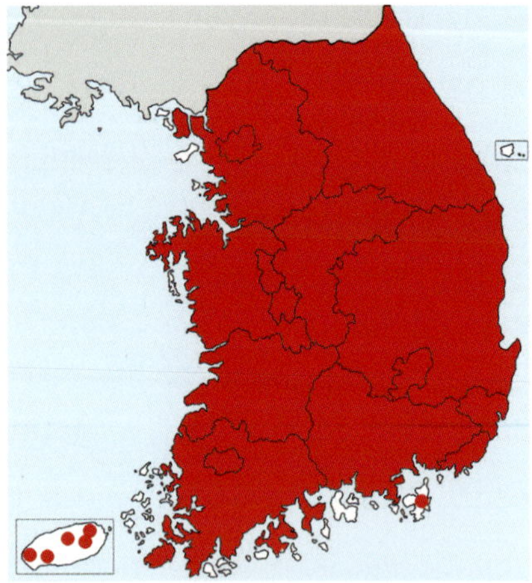

⑧

⑨

14. 참실잠자리

Coenagrion johanssoni (Wallengren, 1894)

①

②

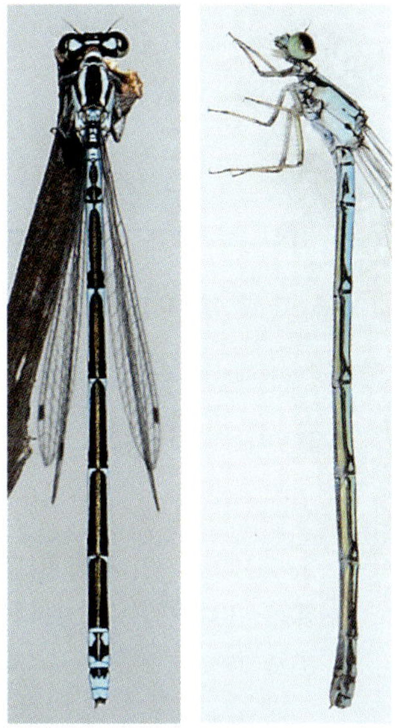

③

④

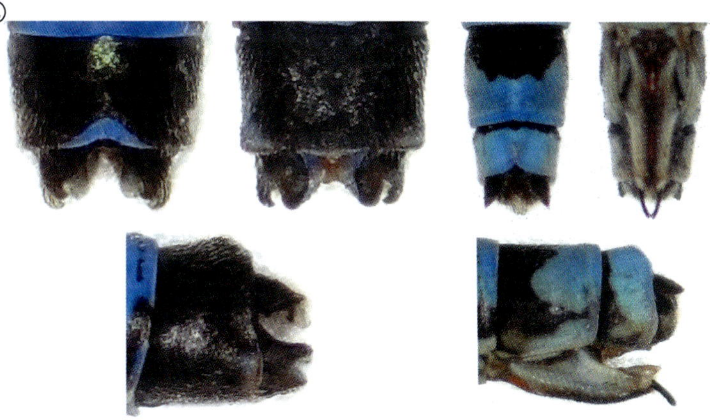

- 성충 몸길이 Adult body length [mm]

	whole body	head & thorax	abdomen & app.	forewing & hindwing
♂	32	6.5	25.5	19
♀	32	6.5	25.5	21

전국적으로 분포하고 서식지는 흔하지 않고 개체밀도는 보통이다. 5월에서 7월까지 짝짓기한다. 평지와 산지의 연못과 습지에 서식한다. 암수 연결되어 수생식물에 산란한다. 1년 1세대이고 유충으로 월동한다.

[유충] 몸길이 22~23 mm. 등가시와 옆가시는 없다. 진흙바닥에 서식한다.

• Distributed nationwide, habitats uncommon, & population density medium; • Mating from May to Jul.; • Inhabiting ponds & marshes at flatland & mountains; • Ovipositing in tandem on aquatic weeds; • 1 generation in a year & overwintering as larvae;

[Larva] • Body length 22~23 mm; • Dorsal & lateral spines absent; • Inhabiting muddy substrates

① ♂. 2012-5-6. 서울 마포 ② ♀. 2012-5-6. 서울 마포 ③ ④ ♂♀
⑤ 유충. 2019-4-15. 경기 양평 ⑥ ♂ 우화. 2019-5-1; ♀ 우화. 2019-4-26
⑦ 분포 ⑧ ♂. 2016-6-14. 경기 포천 ⑨ ♂♀. 산란. 2016-6-14. 경기 포천

⑤

⑥

⑦

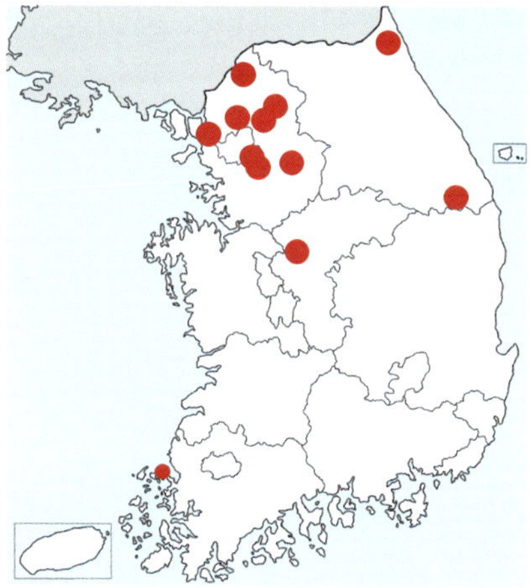

⑧

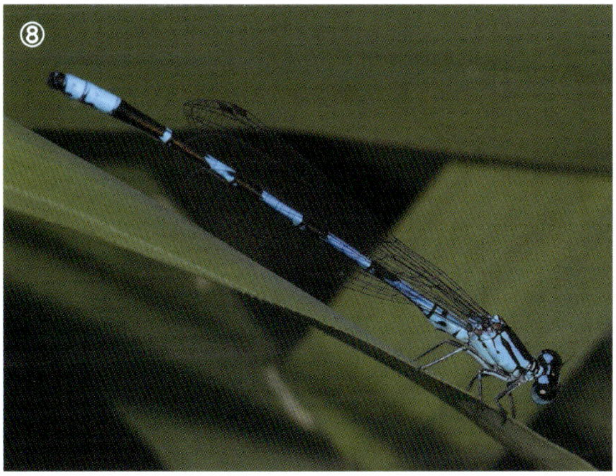

⑨

15. 북방실잠자리

Coenagrion lanceolatum (Selys, 1872)

①

②

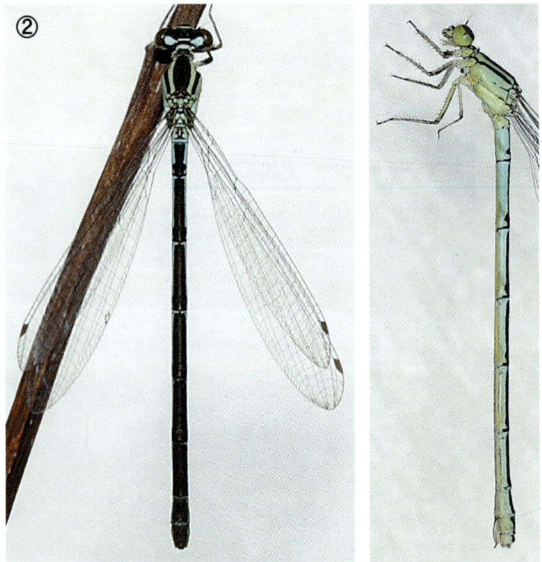

③

④

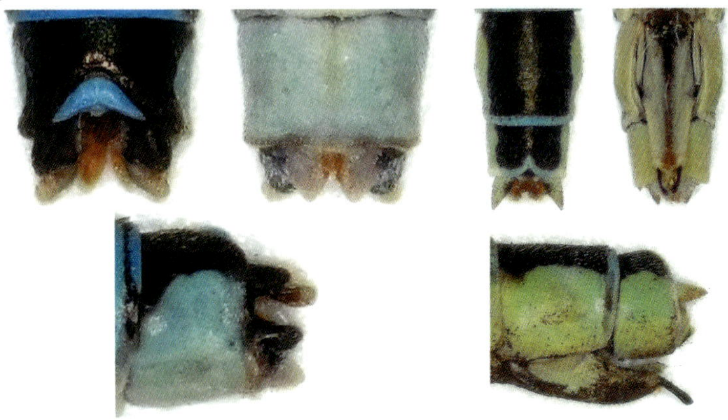

• 성충 몸길이 Adult body length [mm]

	whole body	head & thorax	abdomen & app.	forewing & hindwing
♂	38~40	7.5~8	30.5~32	23
♀	39~40	8~8.5	31~31.5	25~26

중부지방에 국지적으로 분포하며 서식지는 많지 않고 개체밀도는 보통수준이다. 6월에서 7월까지 짝짓기한다. 평지의 연못에 서식한다. 암수 연결되어 수생식물에 산란한다. 1년 1세대이고 유충으로 월동한다.

[유충] 몸길이 24~25 mm. 등가시와 옆가시는 없다. 진흙바닥에 서식한다. 한국의 실잠자리유충 중 가장 포악스럽고 공격적이다.

• Locally distributed in middle region, habitats uncommon, & population density medium; • Mating from Jun. to Jul.; • Inhabiting ponds at flatland; • Ovipositing in tandem on aquatic weeds; • 1 generation in a year & overwintering as larvae

[Larva] • Body length 24~25 mm; • Dorsal & lateral spines absent; • Inhabiting muddy substrates; • Most ferocious & aggressive among zygopteran larvae in Korea.

① ♂. 2012-6-2. 서울 마포 ② ♀. 2012-6-2. 서울 마포 ③ ④ ♂♀
⑤ 유충. 2019-4-27. 경기 연천 ⑥ ♂ 우화. 2019-5-12; ♀ 우화. 2019-5-21
⑦ 분포 ⑧ ♂. 2012-6-2. 서울 마포 ⑨ ♀. 2012-6-2. 서울 마포

⑤

⑥

⑦

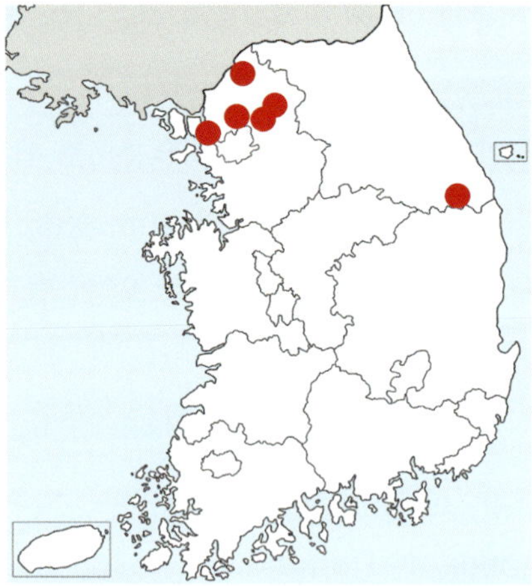

⑧

⑨

16. 아시아실잠자리

Ischnura asiatica (Brauer, 1865)

①

②

③

④

• 성충 몸길이 Adult body length [mm]

	whole body	head & thorax	abdomen & app.	forewing & hindwing
♂	27~31	5.5~6.5	21.5~24.5	14~15
♀	30	6~6.5	23.5~24	17~18

전국적으로 분포하고 서식지는 많고 개체밀도도 높은 편이다. 5월에서 7월까지 짝짓기하고 9월에는 2세가 보인다. 평지의 연못과 수로에 서식한다. 암수 연결되어 수생식물에 산란한다. 1년 1~2세대이고 유충으로 월동한다.

[유충] 몸길이 20~22 mm. 등가시와 옆가시는 없다. 진흙바닥에 서식한다.

• Distributed nationwide, habitats common, & population density high; • Mating from May to Jul. & 2nd generation in Sep.; • Inhabiting ponds & ditches at flatland; • Ovipositing in tandem on aquatic weeds; • 1~2 generations in a year & overwintering as larvae

[Larva] • Body length 20~22 mm; • Dorsal & lateral spines absent; • Inhabiting muddy substrates

① ♂. 2012-5-3. 서울 마포 ② ♀. 2012-5-3. 서울 마포 ③ ④ ♂♀
⑤ 유충. 2019-3-26. 경기 양평 ⑥ ♂ 우화. 2019-4-2 ⑦ 분포
⑧ ♂. 2012-5-12. 서울 마포 ⑨ ♀. 미성숙. 2013-5-2. 서울 마포

⑤

⑥

⑦

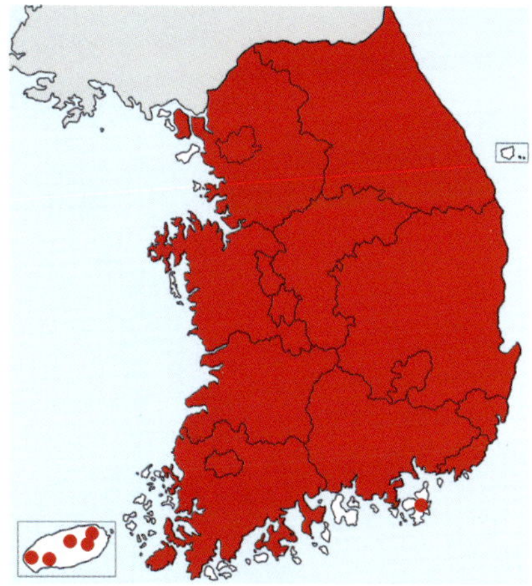

⑧

⑨

17. 북방아시아실잠자리

Ischnura elegans (Vander Linden, 1820)

①

②

③

④

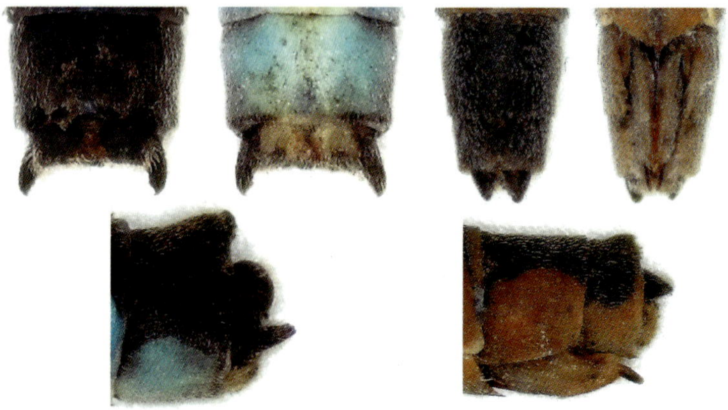

• 성충 몸길이 Adult body length [mm]

	whole body	head & thorax	abdomen & app.	forewing & hindwing
♂	35~36	7~8	28	19
♀	34~38	7~8	27~30	20~22

중부지방에 분포하고 서식지는 적지 않고 개체밀도는 다소 낮다. 5월에서 7월까지 짝짓기하고, 9월에 2세대가 보이는 곳도 있다. 평지의 연못과 수로에 서식한다. 암수 연결되어 수생식물에 산란한다. 1년 1~2세대이고 유충으로 월동한다.

[유충] 몸길이 23~24 mm. 등가시와 옆가시는 없다. 진흙바닥에 서식한다.

• Distributed in middle region, habitats not uncommon, & population density a little low; • Mating from May to Jul. & 2nd generation in Sep. at some localities; • Inhabiting ponds & ditches at flatland; • Ovipositing in tandem on aquatic weeds; • 1~2 generations in a year & overwintering as larvae

[Larva] • Body length 23~24 mm; • Dorsal & lateral spines absent; • Inhabiting muddy substrates

① ♂. 2012-5-12. 경기 구리 ② ♀. 2012-5-12. 경기 구리 ③ ④ - ♂♀
⑤ 유충. 2019-4-15. 경기 양평 ⑥ ♀ 우화. 2019-4-21 ⑦ 분포
⑧ ♂. 2012-5-12. 경기 구리

⑤

⑥

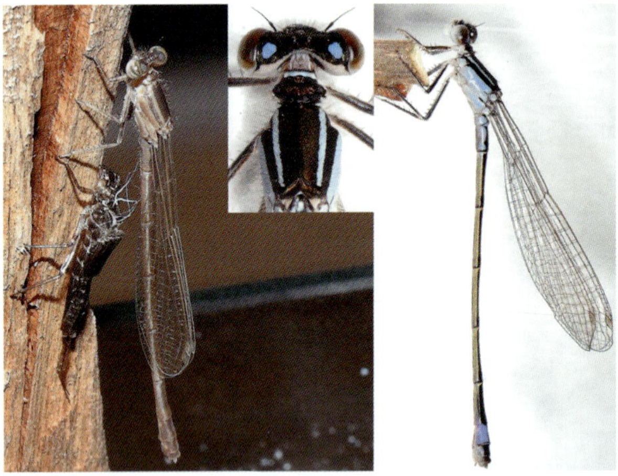

⑦

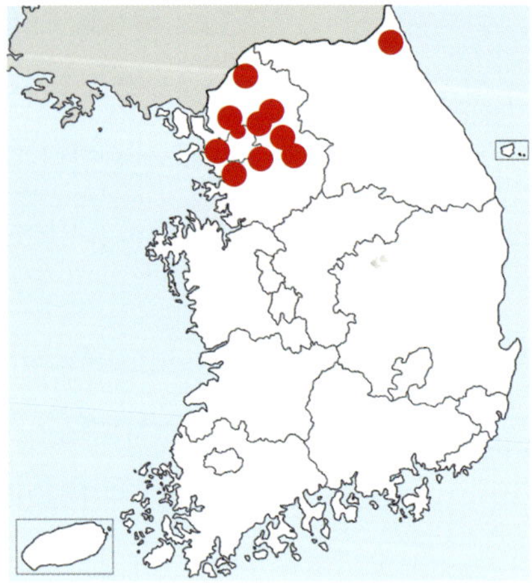

⑧

18. 푸른아시아실잠자리

Ischnura senegalensis (Rambur, 1842)

①

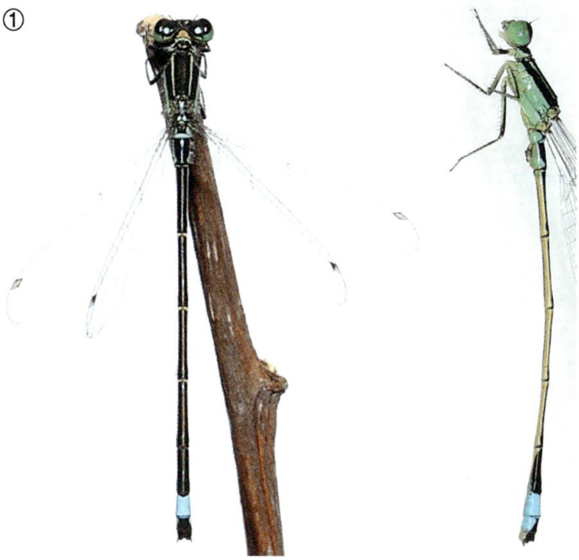

②

③

④

- 성충 몸길이 Adult body length [mm]

	whole body	head & thorax	abdomen & app.	forewing & hindwing
♂	30~33.5	6.5~7.5	23.5~26	15~18
♀	29~36	6.5~8	22.5~28	16~20

전국적으로 분포하고 서식지는 적지 않고 개체밀도는 보통이며, 전남 해안지역에는 다수 서식한다. 6월말에서 8월까지 짝짓기하고 9월에 2세가 보이기도 한다. 평지와 산지의 연못과 수로에 서식한다. 암수 연결되어 수생식물에 산란한다. 1년 1~2세대이고 유충으로 월동한다.

[유충] 몸길이 19~20 mm. 등가시와 옆가시는 없다. 진흙바닥에 서식한다.

• Habitats not uncommon & population density medium in most regions, whereas population large in southwestern coast; • Mating from late Jun. to Aug. & 2nd generation in Sep. at some localities; • Inhabiting ponds & ditches at flatland & mountains; • Ovipositing in tandem on aquatic weeds; • 1~2 generations in a year & overwintering as larvae

[Larva] • Body length 19~20 mm; • Dorsal & lateral spines absent; • Inhabiting muddy substrates

① ♂. 2012-6-26. 제주 북제주 ② ♀. 2012-6-26. 제주 북제주 ③ ④ ♂♀
⑤ 유충. 2019-10-17. 전남 곡성 ⑥ ♀ 우화. 2019-9-16 ⑦ 분포
⑧ ♂. 2012-6-25. 제주 북제주 ⑨ ♂♀. 교미. 2014-8-6. 전남 영암

⑤

⑥

⑦

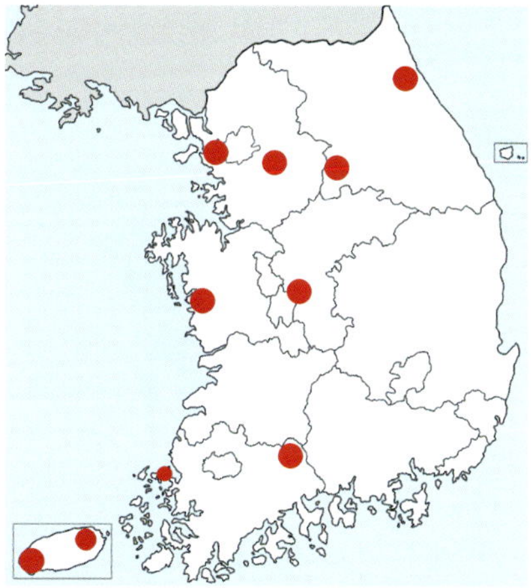

⑧

⑨

19. 황등색실잠자리

Mortonagrion selenion (Ris, 1916)

①

②

③

④

• 성충 몸길이 Adult body length [mm]

	whole body	head & thorax	abdomen & app.	forewing & hindwing
♂	26~28	5~5.5	21~22.5	13~14
♀	27~29	5.5~6	21.5~23	15~16

전국적으로 분포하고 서식지는 드문 편이고 개체밀도는 낮다. 6월에 짧게 짝짓기 한다. 평지의 습지와 수로에 서식한다. 암놈 단독 수생식물에 산란한다. 1년 1세대이고 유충으로 월동한다.

[유충] 몸길이 17~18 mm. 등가시와 옆가시는 없다. 진흙바닥에 서식한다. 동작이 느리다.

• Distributed nationwide, habitats rare, & population density low; • Mating during Jun.; • Inhabiting marshes & ditches at flatland; • Ovipositing alone on aquatic weeds; • 1 generation in a year & overwintering as larvae

[Larva] • Body length 17~18 mm; • Dorsal & lateral spines absent; • Inhabiting muddy substrates; • Movement slow

① ♂. 2012-6-2. 서울 마포 ② ♀. 2013-6-17. 서울 마포 ③ ④ ♂♀
⑤ 유충. 2019-6-6. 경기 수원 ⑥ ♀ 우화. 2019-6-8 ⑦ 분포
⑧ ⑨ ♂. 2012-6-2. 서울 마포

⑤

⑥

⑦
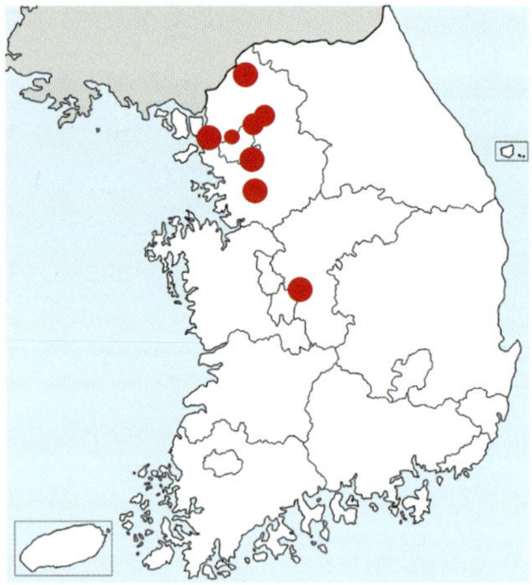

⑧

⑨

20. 등검은실잠자리

Paracercion calamorum (Ris, 1916)

①

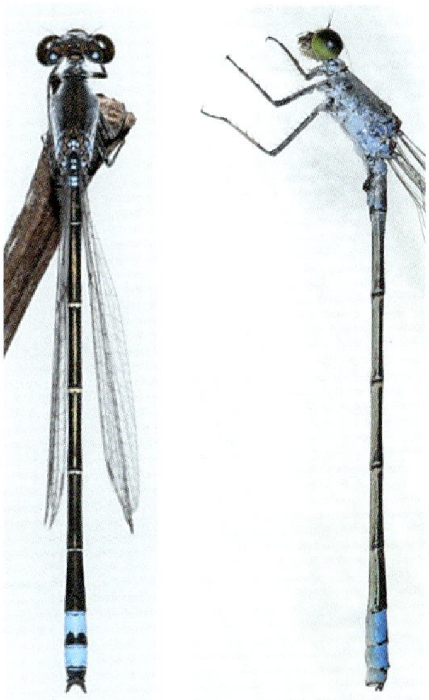

②

③

④

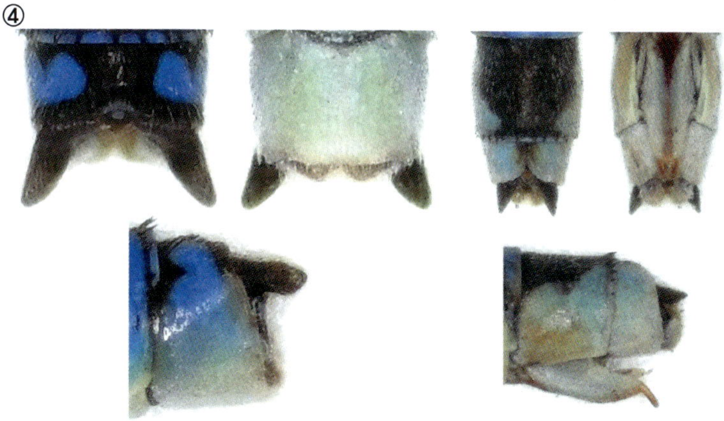

- 성충 몸길이 Adult body length [mm]

	whole body	head & thorax	abdomen & app.	forewing & hindwing
♂	28~31	6~6.5	22~24.5	17~19
♀	32~33	7	25~26	20~21

전국적으로 분포하고 서식지는 흔하며 개체밀도도 높다. 5월 중순에서 9월까지 짝짓기한다. 평지의 연못과 냇가에 서식한다. 암수 연결되어 수생식물에 산란한다. 1년 1~2세대이고 유충으로 월동한다.

[유충] 몸길이 20~21 mm. 등가시와 옆가시는 없다. 진흙바닥에 서식한다. 약간 사나운 편이다.

• Distributed nationwide, habitats common, & population density high; • Mating from mid May to Sep.; • Inhabiting lentic & lotic environment; • Ovipositing in tandem on aquatic weeds; • 1~2 generations in a year & overwintering as larvae

[Larva] • Body length 20~21 mm; • Dorsal & lateral spines absent;

⑤

⑥

⑦

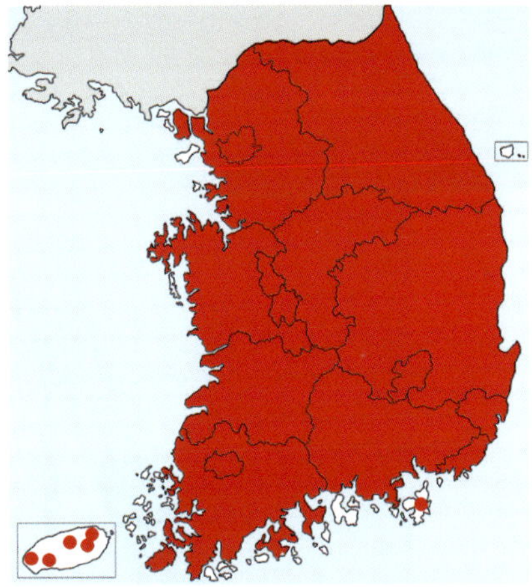

• Inhabiting muddy substrates; • Aggressive

⑧

⑨

① ♂. 2012-5-19. 서울 마포 ② ♀. 2016-6-6. 서울 마포 ③ ④ ♂♀
⑤ 유충. 2019-10-23. 경기 시흥 ⑥ ♂ 우화. 2019-4-9; ♀ 우화. 2019-11-15
⑦ 분포 ⑧ ♂. 2012-5-19. 서울 마포 ⑨ ♂♀. 교미. 2012-6-3. 서울 마포

21. 등줄실잠자리

Paracercion hieroglyphicum (Brauer, 1865)

①

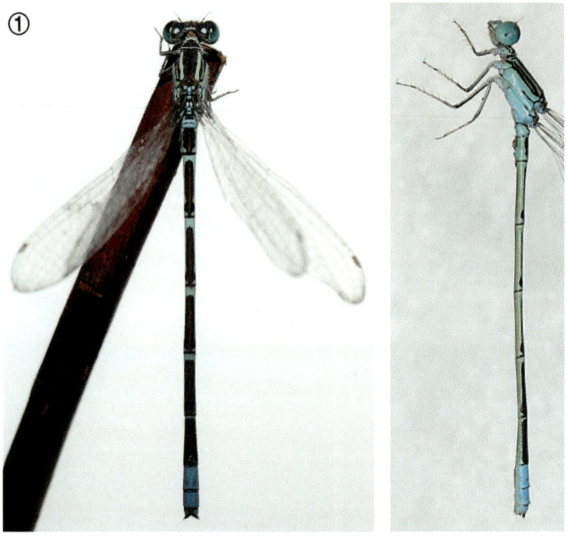

②

③

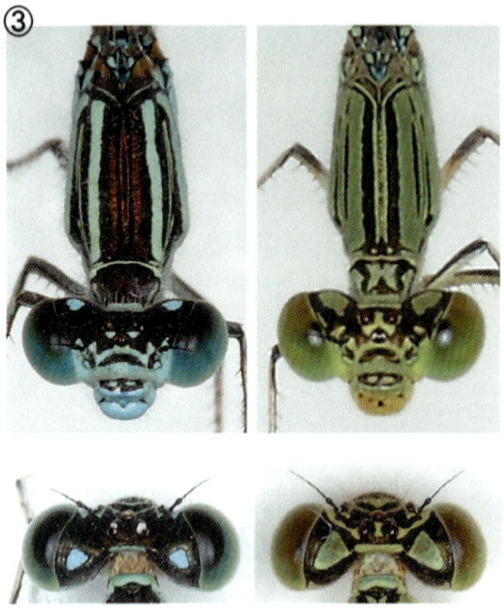

④

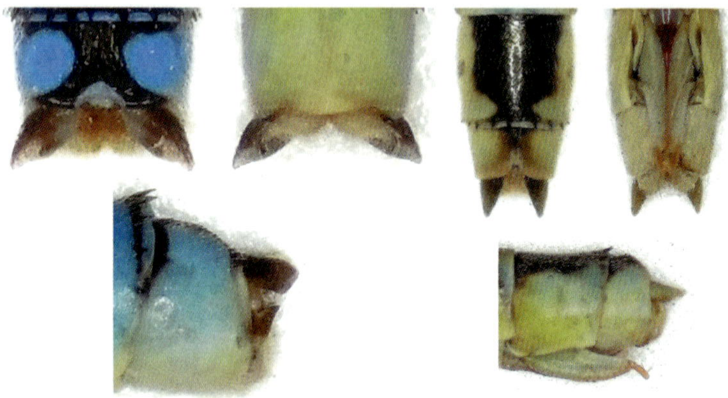

• 성충 몸길이 Adult body length [mm]

	whole body	head & thorax	abdomen & app.	forewing & hindwing
♂	29~34	6.5~7	22.5~27	15~18

♀	28~35	6~7.5	22~27.5	16~20

전국적으로 분포하고 서식지는 적지 않고 개체밀도는 보통 수준이다. 6월에서 8월까지 짝짓기한다. 평지의 연못과 냇가에 서식한다. 암수 연결되어 수생식물에 산란한다. 1년 1세대이고 유충으로 월동한다.

[유충] 몸길이 21~22 mm. 등가시와 옆가시는 없다. 진흙바닥에 서식한다.

• Distributed nationwide, habitats common, & population density medium; • Mating from Jun. to Aug.; • Inhabiting lentic & lotic environment; • Ovipositing in tandem on aquatic weeds; • 1 generation in a year & overwintering as larvae

[Larva] • Body length 21~22 mm; • Dorsal & lateral spines absent; • Inhabiting muddy substrates

① ♂. 2016-6-21. 경기 파주 ② ♀. 2012-8-13. 경기 파주 ③ ④ ♂♀

⑤ 유충. 2019-6-30. 서울 마포 ⑥ ♀ 우화. 2019-7-6 ⑦ 분포

⑥

⑦

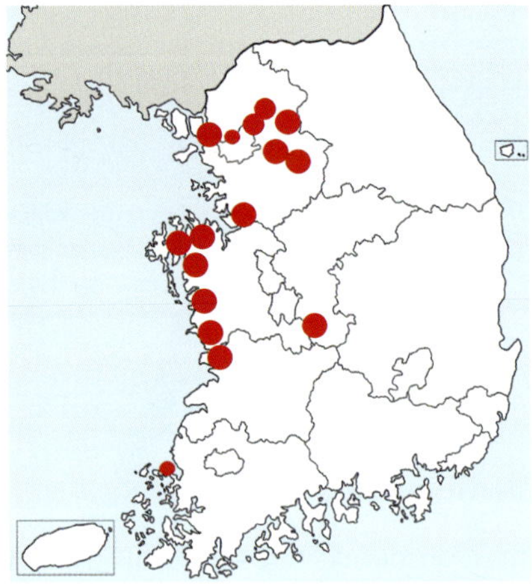

22. 작은등줄실잠자리

Paracercion melanotum (Selys, 1876))

①

②

③

④

• 성충 몸길이 Adult body length [mm]

	whole body	head & thorax	abdomen & app.	forewing & hindwing
♂	32~35	7~7.5	25~27.5	16~20
♀	32~33	7~7.5	25~25.5	18~19

전국적으로 분포하고 서식지는 다소 적은 편이고 개체밀도도 다소 낮은 편이다. 5월말에서 7월까지 짝짓기하고, 9월에 2세가 보이는 지역도 있다. 평지의 연못에 서식한다. 암수 연결되어 수생식물에 산란한다. 1년 1~2세대이고 유충으로 월동한다.

[유충] 몸길이 21~24 mm. 등가시와 옆가시는 없다. 진흙바닥에 서식한다.

• Distributed nationwide, habitats uncommon, & population density a little low; • Mating from late May to Jul. & 2nd generation in Sep. at some localities; • Inhabiting ponds; • Ovipositing in tandem on aquatic weeds; • 1~2 generations in a year & overwintering as larvae

[Larva] • Body length 21~24 mm; • Dorsal & lateral spines absent; • Inhabiting muddy substrates

① ♂. 2012-8-22. 경기 시흥 ② ♀. 2012-8-22. 경기 시흥 ③ ④ ♂♀
⑤ 유충. 2020-4-11. 전남 신안 ⑥ ♂ 우화. 2020-4-26; ♀ 우화. 2020-4-21
⑦ 분포 ⑧ ♂. 2012-8-22. 경기 시흥 ⑨ ♂♀. 산란. 2013-8-27. 경기 시흥

⑤

⑥

⑦
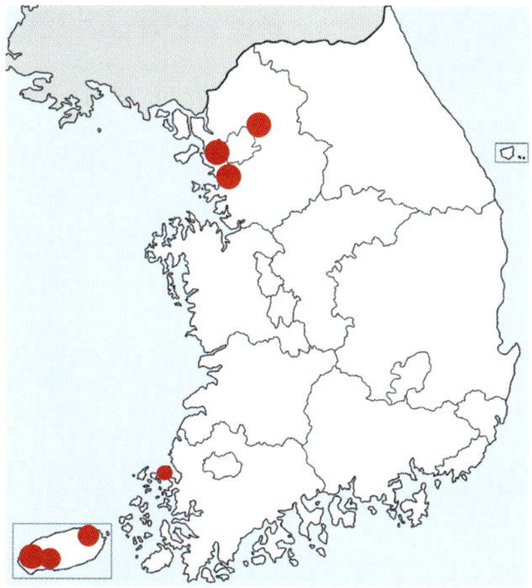

⑧

⑨

23. 큰등줄실잠자리

Paracercion plagiosum (Needham, 1929)

①

②

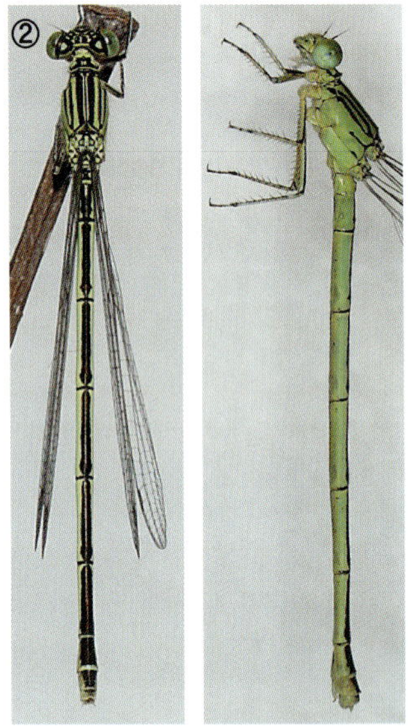

③

④

• 성충 몸길이 Adult body length [mm]

	whole body	head & thorax	abdomen & app.	forewing & hindwing
♂	42~44	9.5~10	31.5~34	25~26
♀	45~47	10.5~11	34.5~36	26~27

중부지방의 몇 곳에서만 서식이 확인되고 있고, 개체밀도는 높은 편이다. 5월말에서 7월까지 짝짓기한다. 평지의 규모 큰 연못에 서식한다. 암수 연결되어 수생식물에 산란한다. 1년 1세대이고 유충으로 월동한다. 국내 실잠자리 중 가장 크고, 작은 실잠자리를 다수 포식한다.

[유충] 몸길이 30~33 mm. 등가시와 옆가시는 없다. 진흙바닥에 서식한다. 유충 또한 실잠자리 중 가장 크다.

• Distributed in a few habitats at middle region only & population density high; • Mating from late May to Jul.; • Inhabiting large ponds; • Ovipositing in tandem on aquatic weeds; • 1 generation in a year & overwintering as larvae; • Largest zygopteran in Korea & commonly hunting smaller zygopterans

[Larva] • Body length 30~33 mm; • Dorsal & lateral spines absent; • Inhabiting muddy substrates; • Largest zygopteran larva in Korea

① ♂. 2012-5-26. 인천 서구 ② ♀. 2012-5-26. 인천 서구 ③ ④ ♂♀
⑤ 유충. 2019-6-4. 인천 서구 ⑥ ♀ 우화. 2019-6-6 ⑦ 분포
⑧ ♂♀. 산란. 2016-6-6. 인천 서구

⑤

⑥

⑦

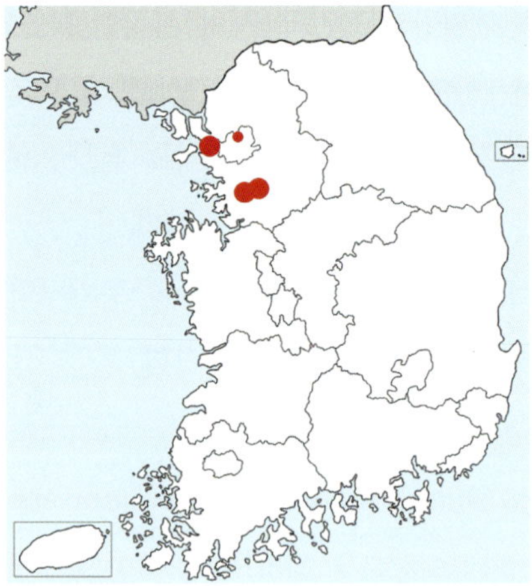

⑧

24. 왕등줄실잠자리

Paracercion v-nigrum (Needham, 1930)

①
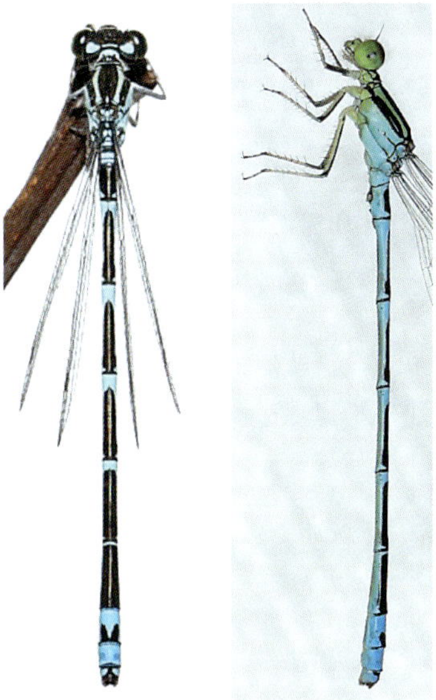

②
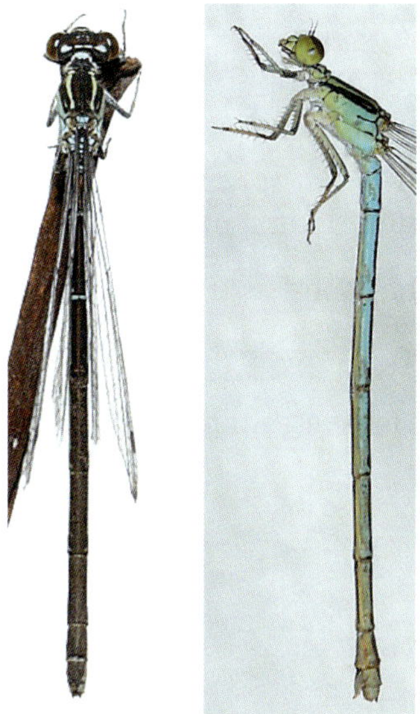

③

④

• 성충 몸길이 Adult body length [mm]

	whole body	head & thorax	abdomen & app.	forewing & hindwing
♂	34~35	7~8	27	20~21
♀	34~36	7.5	26.5~28.5	21~24

전국적으로 분포하고 서식지는 흔하지 않고 개체밀도는 보통이다. 5월말에서 6월까지 짝짓기하고, 드물게 9월에 2세대가 보이는 곳도 있다. 평지와 산지의 연못에 서식한다. 암수 연결되어 수생식물에 산란한다. 1년 1~2세대이고 유충으로 월동한다.

[유충] 몸길이 21~23 mm. 등가시와 옆가시는 없다. 진흙바닥에 서식한다.

• Distributed nationwide, habitats uncommon, & population density medium; • Mating from late May to Jun. & 2nd generation in Sep. at a few localities; • Inhabiting ponds at flatland & mountains; • Ovipositing in tandem on aquatic weeds; • 1~2 generations in a year & overwintering as larvae

[Larva] • Body length 21~23 mm; • Dorsal & lateral spines absent; • Inhabiting muddy substrates

① ♂. 2012-6-11. 경기 파주 ② ♀. 2012-6-11. 경기 파주 ③ ④ ♂♀
⑤ 유충. 2019-10-11. 경기 수원 ⑥ ♂ 우화. 2019-11-6; ♀ 우화. 2019-10-31
⑦ 분포 ⑧ ♂. 2011-6-4. 경기 남양주 ⑨ ♂♀. 산란. 2012-5-27. 경기 파주

⑤

⑥

⑦

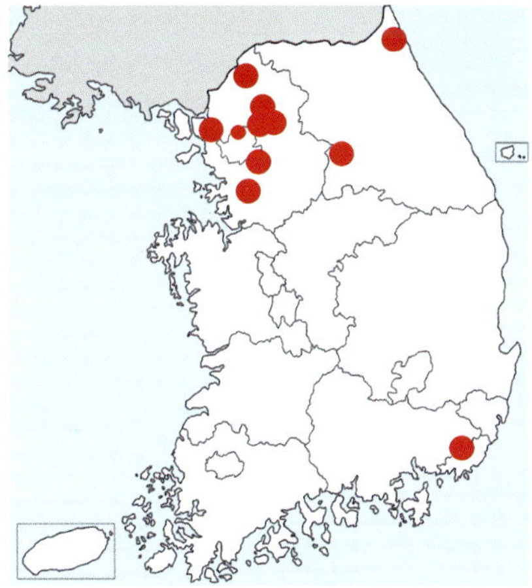

⑧

⑨

실잠자리과 구분
Distinction in Family Coenagrionidae

a – 노란실; b – 연분홍실; c – 새노란실

a – *C. melanurum*; b – *C. nipponicum*; c – *C. auranticum*

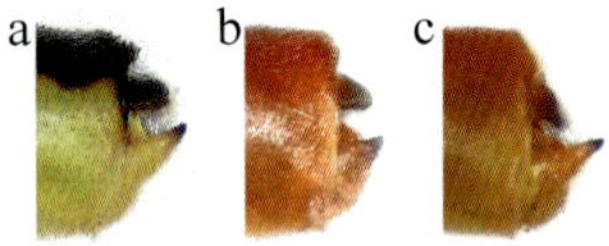

[성충] 부속기 옆면

[Adult] Cercus & paraproct in lateral view

[유충] 중앙아가미: **a** – 시맥이 가늘고 시맥간격이 넓어 깔끔한 느낌을 준다; **b** – 시맥이 굵고 시맥 간격이 좁아 답답한 느낌을 준다; **c** – 검은 실루엣이 확연하게 있다

[Larva] Median gill: **a** – Veins thin, between-veins spacious (looking tidy); **b** – Veins thick, between-veins not spacious (looking stuffy); **c** – Surely dark silhouette

a – 참실; b – 북방실 a – *C. johanssoni*; b – *C. lanceolatum*

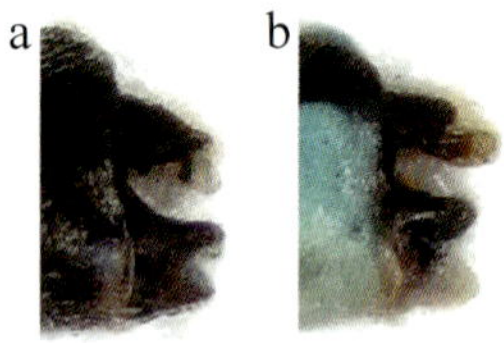

[성충] 부속기 옆면

[Adult] Cercus & paraproct in lateral view

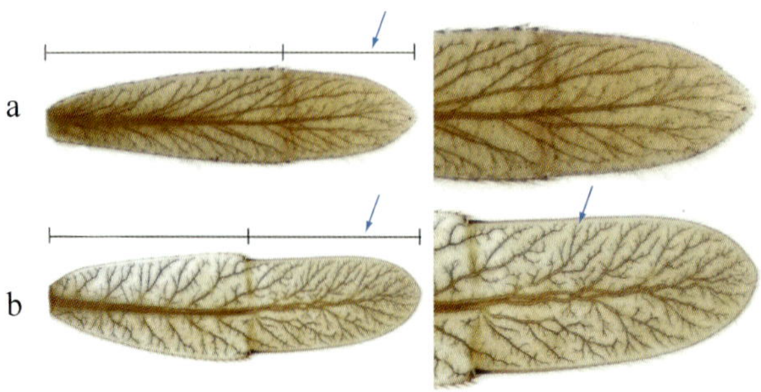

[유충] 측면아가미: 결절에서 끝까지의 길이는 전체 아가미 길이의, 참실은 36%, 북방실은 47%이다. **a** – 1차, 2차 시맥이 주로 나타나 겨울나무처럼 보인다면, **b** – 3차, 4차 시맥까지도 나타나 여름나무처럼 보인다.

[Larva] Lateral gill: Ratio of [length from nodus to tip] over [length of entire gill] is ca. 36% for **a**, whereas 47% for **b**; First & secondary veins mainly seen for **a** (looking like a winter tree), whereas even third & fourth veins seen for **b** (like a summer tree)

a – 아시아실; b – 푸른아시아실; c – 북방아시아실
a – *I. asiatica*; b – *I. senegalensis*; c – *I. elegans*

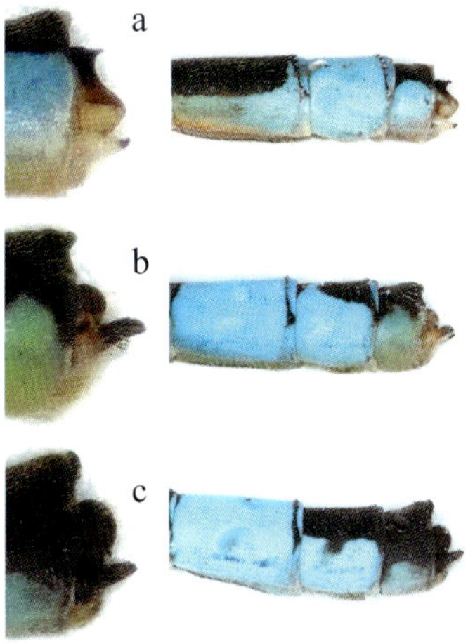

[성충] 부속기 옆면
[Adult] Cercus & paraproct in lateral view

[유충] 중앙아가미: **a** – 끝이 뾰족하다; **b** – 끝이 뾰족하고 중앙시맥을 가로지르는 실루엣이 있어 끊기듯 보이게 한다; **c** – 끝이 덜 뾰족하고, 중앙시맥을 가로지르는 실루엣이 있고, 시맥간격이 넓어 보인다.
[Larva] Median gill: **a** – Tip pointed; **b** – Tip pointed & silhouette traversing the main central vein, thus the main central vein looking like a little disconnected; **c** – Tip less pointed, silhouette traversing the main central vein, & between-veins looking spacious

a – 등줄실; b – 작은등줄실; c – 왕등줄실; d – 등검은실; e – 큰등줄실
a – *P. hieroglyphicum*; b – *P. melanotum*; c – *P. v–nigrum*; d – *P. calamorum*; e – *P. plagiosum*

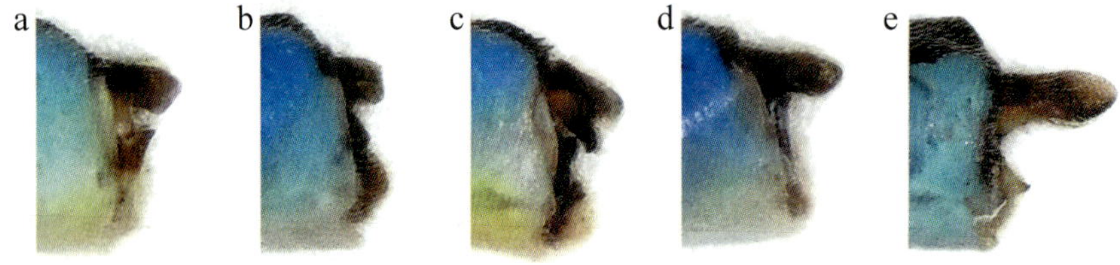

[성충] 부속기 옆면
[Adult] Cercus & paraproct in lateral view

a – 작은등줄실; b – 등검은실; c – 왕등줄실
a – *P. melanotum*; b – *P. calamorum*; c – *P. v–nigrum*

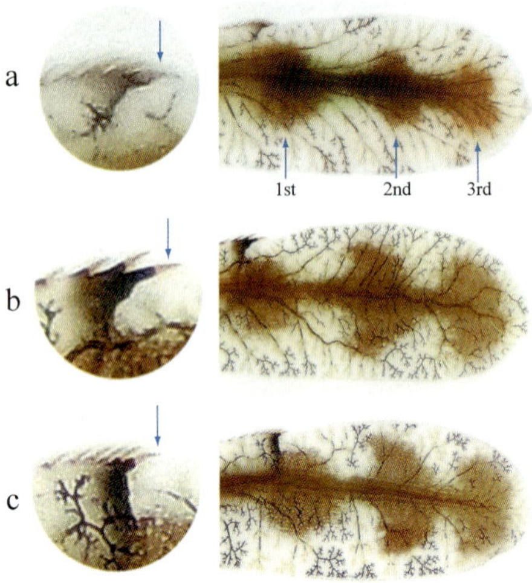

[유충] 결절, 중앙아가미: **a** – 결절이 삼각형이고 테두리만 짙으며, 2,3번째 실루엣이 1번째 실루엣보다 작고, 시맥이 희박하다; **b** – 결절이 삼각형이고 검으며, 2,3번째 실루엣이 1번째 실루엣보다 크고, 시맥이 빽빽하게 보인다; **c** – 결절이 수직선 모양이고 짙으며, 2,3번째 실루엣이 1번째 실루엣보다 크다. 그 외, 등줄실 아가미는 실루엣이 매우 희미하여 나뭇잎처럼 보이고, 큰등줄실은 가장 큰 실잠 유충이고 아가미는 너비가 넓다.

[Larva] Nodus, median gill: **a** – Nodus triangular & margin dark, 2nd & 3rd silhouette smaller than 1st one, and black veins sparse; **b** – Nodus triangular & black, 2nd & 3rd silhouette larger than 1st one, and black veins dense; **c** – Nodus vertical & black, and 2nd & 3rd silhouette larger than 1st one. Besides, *P. hieroglyphicum* – Silhouette in gill very hazy, looking like a leaf; *P. plagiosum* – Largest zygopteran larva & gill wider

왕잠자리과

Family Aeshnidae Rambur, 1842

왕잠자리과에는 전세계적으로 55속 487종의 잠자리가 있으며, 한국에는 8속 14종이 발견되는데, 이 중 남방왕잠자리는 초여름 남쪽에서 비래(飛來)하고, 가을에는 북쪽에서 하늘별박이왕잠자리도 비래하는데 정착한 개체와 혼재한다.

소 개

25. 큰무늬왕잠자리 *Aeschnophlebia anisoptera* Selys, 1883
26. 긴무늬왕잠자리 *Aeschnophlebia longistigma* Selys, 1883
27. 참별박이왕잠자리 *Aeshna crenata* Hagen, 1856
28. 별박이왕잠자리 *Aeshna juncea* (Linnaeus, 1758)
29. 하늘별박이왕잠자리 *Aeshna mixta* Latreille, 1805
30. 도깨비왕잠자리 *Anaciaeschna martini* (Selys, 1897)
31. 남방왕잠자리 *Anax guttatus* (Burmeister, 1839)
32. 먹줄왕잠자리 *Anax nigrofasciatus* Oguma, 1915
33. 왕잠자리 *Anax parthenope* (Selys, 1839)
34. 한국개미허리왕잠자리 *Boyeria karubei* Yokoi, 2002
35. 개미허리왕잠자리 *Boyeria maclachlani* Selys, 1883
36. 잘록허리왕잠자리 *Gynacantha japonica* Bartenev, 1910
37. 황줄왕잠자리 *Polycanthagyna melanictera* (Selys, 1883)
38. 한라별왕잠자리 *Sarasaeschna pryeri* (Martin, 1909)

25. 큰무늬왕잠자리

Aeschnophlebia anisoptera Selys, 1883

①

②

③

④

• 성충 몸길이 Adult body length [mm]

	whole body	head & thorax	abdomen & app.	forewing / hindwing
♂	74~77	20	54~57	46~49 / 45~48
♀	73~81	20~22	53~59	48~50 / 47~49

제주에 분포하고 개체밀도는 한 서식지에서만 높고 기타지역에서는 매우 낮다. 내륙에서는 좀처럼 만나기 어렵다. 6월말에서 7월말까지 짝짓기한다. 평지와 낮은 산지의 갈대와 죽은 나무기둥이 있는 습지에 서식한다. 암놈은 늦은 오후와 저녁에 죽은 나무기둥에 단독 산란한다. 1~2년 1세대이고 유충으로 월동한다. 암놈이 수놈보다 크다. 개체수가 적은 곳에서는 수놈들끼리 4~6 m 정도의 상공에서 크게 원을 그리며 선회하는 특징을 보인다. 수놈은 암놈을 찾아 나무 사이를 샅샅이 뒤지고 다닌다. 한국의 왕잠자리과에서 가장 크고 단단한 턱을 가졌다. 상당한 크기의 거미까지 사냥하는 것도 목격한 바 있다.

[유충] 몸길이 38~42 mm. 등가시는 제8~9배마디에 있고, 옆가시는 제5~9배마디에 있다. 진흙바닥과 나무에 붙어있다. 움직임이 느리고, 외부자극에 죽은 척하는 의사(疑死)행동을 보인다.

⑤

• Distributed mainly in Jeju Island, habitats rare, & population density very low; • Mating from late Jun. to late Jul.; • Inhabiting marshes full of bulrushes & trees at flatland & low mountains; • Ovipositing alone on tree twigs in late afternoon & evening; • 1 generation in 1~2 years & overwintering as larvae; • Females larger than males; • A small flock of males flying in a big circle at 4~6 m above the ground; • Males thoroughly searching through trees for females; • Having the biggest & strongest jaws among aeshnids in Korea; • Fairly ferocious, routinely hunting medium-sized spiders

[Larva] • Body length 38~42 mm; • Dorsal spines on S8 to S9 & lateral spines on S5 to S9; • Inhabiting muddy substrates & clinging to tree; • Movement slow & pretending dead upon external stimulus; • Fig. ⑤a. F-1 instar

① ♂. 2012-6-26. 제주 북제주 ② ♀. 2009-6-25. 제주 북제주 ③ ④ ♂♀
⑤ 유충. 2017-5-10. 제주 북제주. a - 아종령 ⑥ ♂ 우화. 2017-6-13
⑦ 분포 ⑧ ♂. 2009-6-24. 제주 북제주 ⑨ ♀. 2008-7-25. 제주 북제주

⑥

⑦

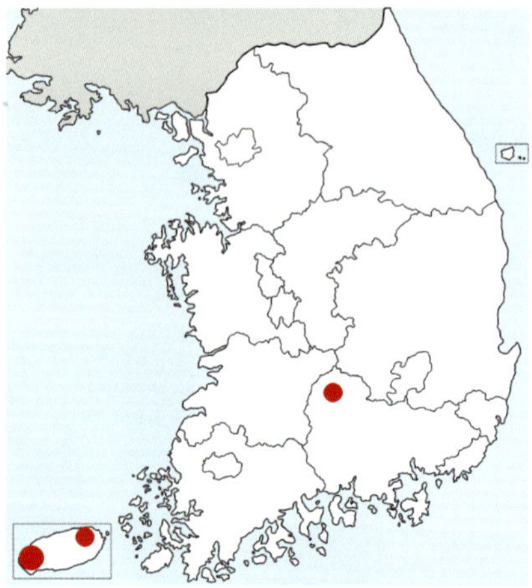

⑧

⑨

26. 긴무늬왕잠자리

Aeschnophlebia longistigma Selys, 1883

①

②

③

④

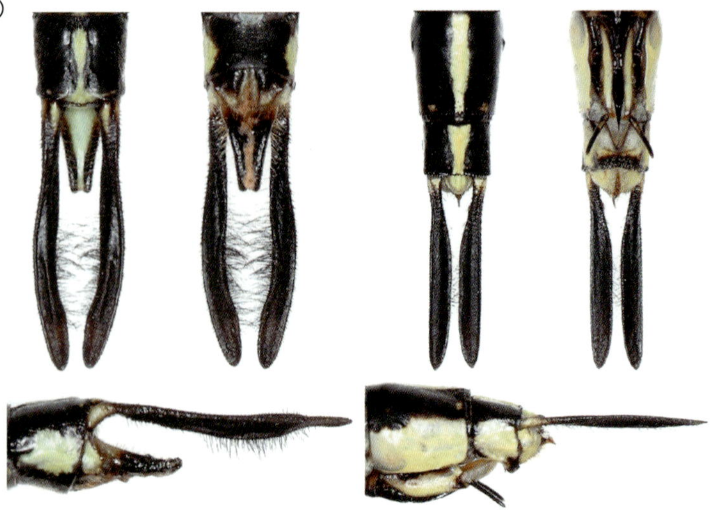

• 성충 몸길이 Adult body length [mm]

	whole body	head & thorax	abdomen & app.	forewing / hindwing
♂	66~68	18.5~19.5	47.5~48.5	40~41 / 39~40
♀	69~70	19~20	50~51	42~45 / 41~44

전국적으로 분포하고 서식지는 흔하고 개체밀도는 보통 수준이다. 6월 중순에서 7월말까지 짝짓기한다. 평지의 부들이 빼곡한 연못과 갈대가 빼곡한 유속 느린 냇가에 서식한다. 암놈 단독으로 갈대에 산란한다. 1~2년 1세대이고 유충으로 월동한다. 암놈이 수놈보다 크다. 한국 왕잠과에서 큰무늬왕 다음으로 크고 단단한 턱을 가졌고 일상적으로 거미사냥도 한다. 매우 흉폭하여 연못에서 같이 날고 있는 나비, 고추, 밀잠자리 등을 일상적으로 포식한다. 흉폭성은 동종에게도 나타나는데, 주변의 긴무늬왕을 공격할 때는 날개가 붙는 등가슴을 물어뜯어 날개를 땅바닥에 떨어뜨리고 날아가 버린다.

[유충] 몸길이 40~44 mm. 등가시는 없고, 옆가시는 제6~9배마디에 있다. 진흙바닥과 갈대에 매달려있다. 움직임이 굼뜨고, 외부자극에 죽은 척한다.

⑤

• Distributed nationwide, habitats common, & population density medium; • Mating from mid Jun. to late Jul.; • Inhabiting ponds full of bulrushes as well as slow streams full of cattails at lowland; • Ovipositing alone on cattails; • 1 generation in 1~2 years & overwintering as larvae; • Females larger than males; • Having the 2nd biggest, strongest jaws among aeshnids in Korea; • Extremely ferocious, routinely hunting other odonata & spiders; • Even attacking the same species nearby, biting the thorax base of wings & making them unable to fly

[Larva] • Body length 40~44 mm; • Dorsal spines absent & lateral spines on S6 to S9; • Inhabiting muddy substrates & clinging to cattails; • Movement slow & pretending dead upon external stimulus; • Fig. ⑤a. F-2 instar & emerging mode

① ♂. 2012-6-8. 경기 양평 ② ♀. 2012-6-8. 경기 양평 ③ ④ ♂♀
⑤ 유충. 2016-4-11. 인천 중구. a - 전아종령, 우화모드 ⑥ ♀ 우화. 2018-5-19
⑦ 분포 ⑧ ♀. 밀잠자리 사냥. 2017-6-30. 경기 안산
⑨ ♂♀. 교미. 2017-6-30. 경기 안산

⑥

⑦
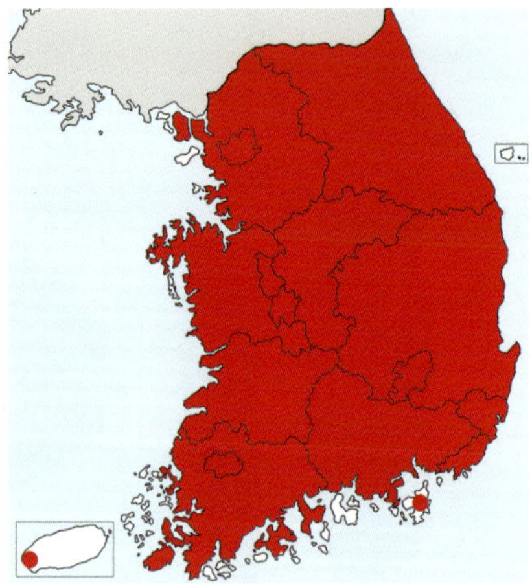

27. 참별박이왕잠자리

Aeshna crenata Hagen, 1856

• 성충 몸길이 Adult body length [mm]

	whole body	head & thorax	abdomen & app.	forewing / hindwing
♂	86~90	23	64~67	52~56 / 51~55
♀	82~90	22~23	60~67	53~56 / 52~55

강원도와 경기도 일부가 주서식지이고 충청도의 일부 지역에도 분포하고 있으며, 개체밀도는 약간 낮은 수준이다. 8월에서 9월까지 짝짓기한다. 평지와 산지의 연못에 서식한다. 암놈은 물풀 줄기에 단독 산란한다. 2~3년 1세대이고 첫 겨울은 알로 월동하고 이듬해부터는 유충으로 월동한다. 위도가 높은 지역에선 색체 변이가 있다.

③

④

[유충] 몸길이 44~45 mm. 등가시는 없고, 옆가시는 제6~9배마디에 있다. 진흙바닥과 수초에 매달려있다.

⑤

• Distributed mainly in mideastern region in which habitats common & population density low, whereas rare in other regions; • Mating from Aug. to Sep.; • Inhabiting ponds at lowland & mountains; • Ovipositing alone on submerged plant stems; • 1 generation in 2~3 years & overwintering as eggs in 1st winter & larvae from 2nd winter; • Variation in colouration at high latitude area

[Larva] • Body length 44~45 mm; • Dorsal spines absent & lateral spines on S6 to S9; • Inhabiting muddy substrates & aquatic plants; • Fig. ⑤a. F-1 instar

① ♂. 2006-8-24. 경기 남양주 ② ♀. 2008-8-15. 경기 남양주 ③ ④ ♂♀
⑤ 유충. 2016-5-17. 강원 인제. **a** - 아종령 ⑥ ♀ 우화. 2018-7-1 ⑦ 분포
⑧ ♂ blue eyes. 2013-8-27. 강원 인제 ⑨ ♂ green eyes. 2006-8-24. 경기 남양주
⑩ ♀ blue type. 산란. 2009-9-13. 강원 인제

⑥

⑦

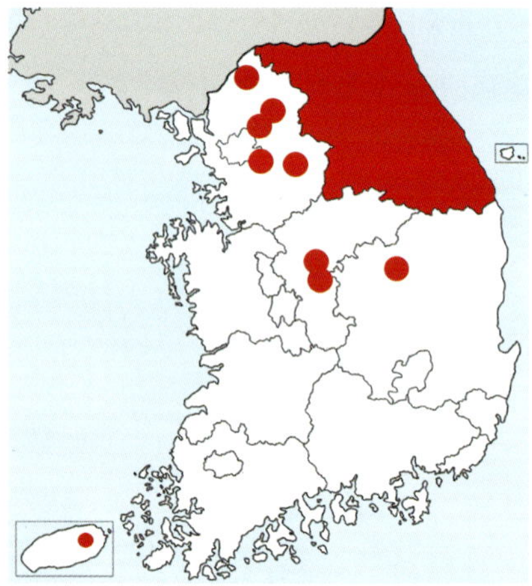

⑧

⑨

⑩

28. 별박이왕잠자리

Aeshna juncea (Linnaeus, 1758)

• 성충 몸길이 Adult body length [mm]

	whole body	head & thorax	abdomen & app.	forewing / hindwing
♂	73~83	20~21	53~62	48~53 / 47~52
♀	76~79	20~21	56~58	49~52 / 48~51

강원도 고산지에 분포하며 서식지는 흔하지 않으며 개체밀도는 약간 낮은 수준이다. 8월 중순에서 9월말까지 짝짓기한다. 고산지의 연못에 서식한다. 암놈은 물풀 줄기나 주변 흙에 단독 산란한다. 2~3년 1세대이고 첫 겨울은 알로 월동하고 이듬해부터는 유충으로 월동한다. 수놈 부속기에 편차가 있다. 상부속기는 짧고 하부속기는 폭이 넓은 개체가 존재한다(Fig. ④-1). Nuclear DNA 분석결과 이 개

체도 별박이왕으로 밝혀졌다. 위도가 높은 지역에서는 색체 변이가 있어 파란색 타입이 종종 관찰된다. 고산지 연못에서는 참별박이왕과 서식지를 공유하는데, 별박이왕이 약간 늦게 출현하고 늦게 사라진다. 영역비행 시 정지비행 시간이 길다. 참별박이왕과 별박이왕의 이종교배 관찰이 종종 있으며, 교잡종으로 보이는 녀석도 가끔 보인다.

[유충] 몸길이 37~40 mm. 등가시는 없고, 옆가시는 제6~9배마디에 4쌍이 있는 타입과 제7~9배마디에 3쌍이 있는 타입이 있다. 옆가시 4쌍 타입은 폭이 좁고 길이가 긴 체형을 하고 있으며, 옆가시 3쌍 타입은 폭이 넓고 몸길이가 짧은 체형을 하고 있다 (Fig. ⑤a, ⑤b). Fig. ⑥: a는 4쌍 옆가시 유충의 우화이고, b는 3쌍 옆가시 유충의 우화이다. 진흙바닥과 수초에 매달려있다.

③

④

④-1

• Distributed in mideastern high elevation areas only, habitats uncommon, & population density low; • Mating from mid Aug. to late Sep.; • Inhabiting ponds at high mountains; • Ovipositing alone on submerged plant stems & soils nearby; • 1 generation in 2~3 years

⑤

& overwintering as eggs in 1st winter and larvae from 2nd winter; • Huge variation in anal appendages, as in Fig. ④-1, shorter cerci & wider epiproct, which turned out to be *A. juncea* based on nuclear DNA analysis; • Variation in colouration at high latitude areas; • Sharing ponds & territorial flight season with *A. crenata* in high mountains; *A. juncea* appearing at waterside 1~2 weeks late & staying longer; • Males frequently hovering; • Mating with *A. crenata* occasionally observed & so are hybridized individuals

[Larva] • Body length 37~40 mm; • Dorsal spines absent & 2 types of lateral spines: on S6 to S9 (Fig. ⑤a) & on S7 to S9 (Fig. ⑤b); 4 pairs of lateral spines type is slender & longer, whereas 3 pairs type wider & shorter; • Fig. ⑥a – teneral from 4 pairs of lateral spines type; ⑥b – teneral from 3 pairs type; • Inhabiting muddy substrates & aquatic plants

① ♂ yellow type. 2013-8-22. 강원 정선 ② ♀ yellow type. 2013-8-22. 강원 정선
③ ④ ♂♀ ⑤ 유충. **a** – 2016-6-9. 강원 인제; **b** – 2016-5-28. 강원 인제
⑥ **a** – ♂ 우화. 옆가시 4쌍. 2016-7-1; **b** – ♀ 우화. 옆가시 3쌍. 2018-5-16
⑦ 분포 ⑧ ♂ blue type. 2013-8-19. 강원 정선
⑨ ♀ blue-green type. 2013-8-19. 강원 정선

⑥ **a**

b

⑦

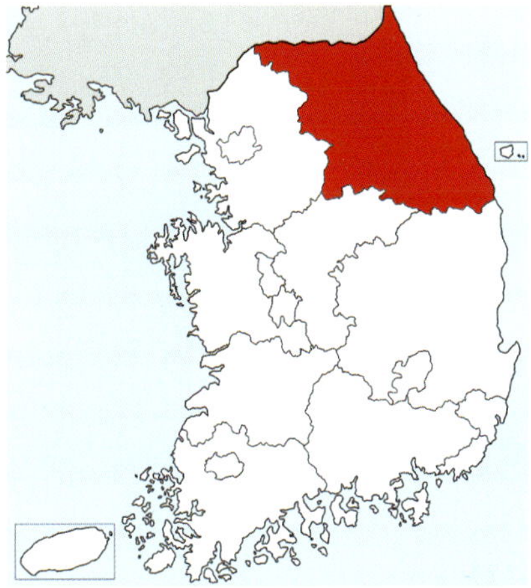

⑧

⑨

29. 하늘별박이왕잠자리

Aeshna mixta Latreille, 1805

③

④

• 성충 몸길이 Adult body length [mm]

	whole body	head & thorax	abdomen & app.	forewing / hindwing
♂	64~67	18	46~49	40~42 / 39~41
♀	64~67	18	46~49	41~43 / 40~42

경기도 서해안지역에 분포하고 서식지는 드물고 개체밀도는 낮은 수준이다. 8월 말에서 10월초까지 짝짓기한다. 평지의 부들이 빼곡한 습지와 연못에 서식한다. 암놈은 물풀 줄기에 단독 산란한다. 1년 1세대이고 알로 월동한다. 개체 간 색체 변이가 있다. 정착 개체와 북쪽에서 비래하는 개체가 혼재한다. 왕, 먹줄왕 유충과 산란지가 겹쳐 유충 생존율은 매우 낮고, 온난화로 인하여 비래 개체수도 감소하고 있는 것으로 판단된다.

[유충] 몸길이 33~36 mm. 등가시는 없고, 옆가시는 제6~9배마디에 있다. 진흙바닥과 물풀 줄기에서 생활한다.

• Distributed in midwestern coastal region, habitats rare, & population density low; • Mating from late Aug. to early Oct.; • Inhabiting marshes & ponds full of bulrushes at lowland; • Ovipositing alone on aquatic grass blades & plant stems; • 1 generation in a year & overwintering as eggs; • Variation in colouration; • Mixed with settled individuals & migrants; • Many ovipositing points common with *Anax parthenope* & *A. nigrofasciatus*, and thus survival rate of *A. mixta* larvae very low; • Migrating population size decreasing due to global warming

[Larva] • Body length 33~36 mm; • Dorsal spines absent & lateral spines on S6 to S9; • Inhabiting muddy substrates & aquatic plants; • Fig. ⑤a. F-1 instar & emerging mode

① ♂. 2009-9-9. 경기 시흥 ② ♀. 2009-9-8. 경기 시흥 ③ ④ ♂♀
⑤ 유충. 2019-6-12. 경기 시흥. **a** – 아종령, 우화모드 ⑥ ♀ 우화. 2019-7-2 ⑦ 분포
⑧ ♀ blue type. 2012-10-13. 경기 시흥 ⑨ ♀ blue-green type. 2009-9-9. 경기 시흥
⑩ ⑫ ♂. 2009-9-16. 경기 시흥 ⑪ ♂♀. 교미. 2012-10-4. 경기 시흥

⑤

⑥

⑦

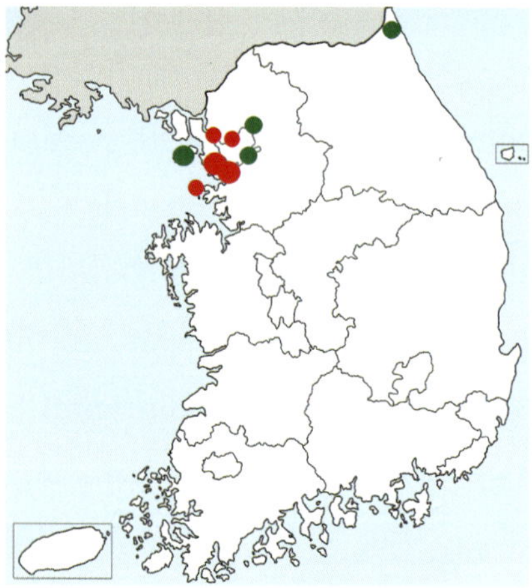

⑧

⑨

⑩

⑪

⑫

30. 도깨비왕잠자리

Anaciaeschna martini (Selys, 1897)

- 성충 몸길이 Adult body length [mm]

	whole body	head & thorax	abdomen & app.	forewing / hindwing
♂	69~72	19~20	50~52	43~44 / 42~43
♀	74~76	19~20	55~56	44~45 / 43~44

남부지방과 충청 일부 지역에 분포하고 서식지는 드물고 개체밀도는 매우 낮다. 7월초에서 8월 중순까지 짝짓기한다. 평지와 높지 않은 산지의 습지와 부들이 빼곡한 연못에 서식한다. 암놈은 물풀 줄기에 단독 산란한다. 1년 1세대이고 유충으로 월동한다. 암놈은 저녁 산란습지에 나타나 먹이사냥을 한다. 이 종은 인도, 부탄에

③

④

서 일본까지 동남아시아에 광범위하게 분포하는데, 열대/아열대 지역이 주분포지이고 온대지역 일부까지 서식이 확장되어 있다.

수놈은 몇 가지 면에서 매우 특별하다. 보통 지상 10 m 이상의 높이에서 비행하는데, 매우 넓은 영역을 돌아다닌다. 물가 영역비행은 없으며, 10년 이상의 집요한 추적에도 5~6 m 높이로 떨어지는 순간은 고작 몇 번뿐이었다. 오후에는 낮은 산 주변에서 20~50 m 높이로 수놈끼리 사이좋게 어울려 비행하는데, 경쟁 관계인 수놈끼리 서로 들이받는 행위 없이 이러한 행태를 보이는 것은 매우 이례적이다. 저녁 먹이사냥은 산기슭에서 관찰되는데 사람이 접근하기 불가능한 지형과 높이이고 장소도 매일 바뀐다. 동남아시아 전서식지에서 수놈 채집과 나무에 매달려있는 사진을 찍을 수 있는 곳은 일본에서 발견된 몇 장소뿐이고, 그것은 일본만의 환경 - 서식지가 평지에 있고 주변이 인공개발되어 이 녀석들이 날거나 앉을 지역이 매우 협소한, 반면에 서식지 훼손은 없는 - 때문인 것으로 보인다. 현재까지의 추적에서 느낀 점은 이들은 매우 의식적으로 인간을 피한다는 것이며, DNA에 새겨진 듯하다. 10 m 이상의 높이에 날 때에도, 거리의 반도 다가가기 전에 피하여 빠져나간다.

[유충] 몸길이 34~40 mm. 등가시는 없고, 옆가시는 제6~9배마디에 있다. 진흙바닥과 수초에서 생활한다.

• Distributed in southern region, habitats rare, & population density very low; • Mating from early Jul. to mid Aug.; • Inhabiting marshes & ponds full of bulrushes at flatland & low mountains; • Ovipositing alone on aquatic plant stems; • 1 generation in a year & overwintering as larvae; • Females feeding at marshes & grass fields nearby in the evening

• Regarding *A. martini*males: Very extraordinary – almost impossible to collect or observe in near distance. Males fly high, ca. higher than 10 m above the ground & flying area is very wide. No territorial flight at waterside. During more than 10 years of exhaustive search, moments of flying down to 5~6 m high were only a few times. A small flock of males fly extremely high, ca. 20~50 m high in the afternoon. It is so unusual for several males flying together friendly without bumping against each other. Evening feeding is observed around the foot of a mountain inaccessible to human, and feeding place changes day after day. In Southeast Asia, collecting & photographing tree-hanging males have been done in Japan where a few low flying-through points were discovered, and I have been there, aware of what it's like. Such points do not exist in Korea where more than 70% of land is mountainous areas. One sure thing I have felt is that males escape from human very consciously, which seems to be inscribed in their DNA. Even when they fly over 10 m high, they fly away long before approaching to their area.

[Larva] • Body length 34~40 mm; • Dorsal spines absent & lateral spines on S6 to S9; • Inhabiting muddy substrates & aquatic plants; • Fig. ⑤a. F-1 instar & emerging mode

① ♂. 2018-7-17/19. 일본 간토지방 ② ♀. 2012-8-1. 제주 북제주 ③ ④ ♂♀
⑤ 유충. 2016-5-21. 경남 산청. **a** – 아종령, 우화모드 ⑥ ♂ 우화. 2010-6-22
⑦ 분포 ⑧ ⑩ ♂. 2018-7-17/19. 일본 간토지방 ⑨ ♀. 2015-7-15. 경남 산청

⑤

⑥

⑦

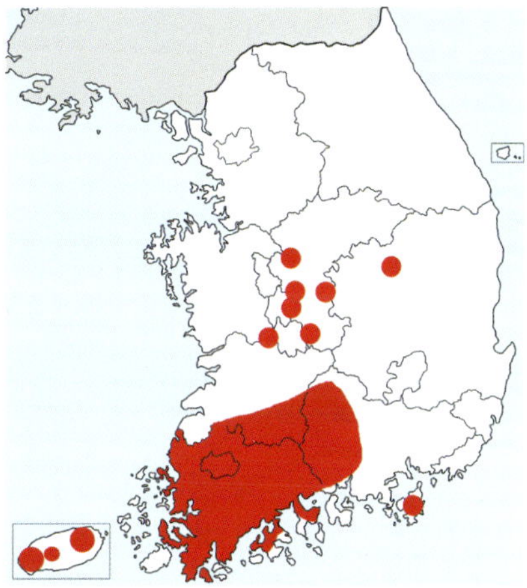

⑧

⑨

⑩

31. 남방왕잠자리

Anax guttatus (Burmeister, 1839)

③

④

• 성충 몸길이 Adult body length [mm]

	whole body	head & thorax	abdomen	forewing / hindwing
♂	84~86	23	61~63	50~54 / 49~53
♀	82	23	59	57 / 56

아열대 지역에서 초여름 비래(飛來)하고 늦가을에 유충은 죽고 이듬해 다시 비래한다. 태풍이 중국남부, 대만, 오키나와 등을 거쳐 상륙하는 해에 많이 관찰되었으며, 바다만을 휩쓸어 오는 해에는 소수만 발견되는 등 해마다 편차가 커왔다. 수초가 조금 있는 연못에서 비행한다. 2010년까지는 제주의 모든 연못에서 관찰될 정도로 수가 많았고 9월초에는 우화한 2세대 개체도 있었으나, 2010년 즈음부터 개체수가 급격히 줄어들어 제주에서도 한 저수지에서만 6월말~7월 중순에 수놈만이 관찰되고 유충과 2세대 우화개체는 발견되지 않는다. 이러한 현상은 이웃 일본본토에서도 공통된다. 직사광선에 매우 민감하여, 해가 하늘에 명확히 드러나 직사광선이 비쳐야 비행을 하며, 해를 옅은 구름이 가린 상태에선 비행은 없어진다. 낮과 밤에 체색 변화가 있는데, *Anax panybeus*도 그러하였다. 2016년 7월 5일 저녁 10시 20분에 촬영할 때는 배의 브라운색 무늬가 검게 변해 있고, 익일 오후 2시에 배 무늬는 다시 밝아져 있다(Fig. ⑥).

• Migrating every summer & larvae dying in late fall; • Before 2010, migrating population size big, observable in many localities, & 2nd generation emerging in early Sep. at Jeju Island; • Since 2010, the number drastically decreased, only several males appearing at one locality in Jeju from late Jun. to mid Jul., & no 2nd generation; • Inhabiting ponds; • Territorial flight under direct sunlight only; • Fig. ⑥. Change in colouration during nighttime & daytime. 2016-7-5, 10:20 P.M. & 2016-7-6, 2:00 P.M.

① ♂. 2016-7-6. 제주 북제주 ② ♀. 2019-7-27. 제주 북제주 ③ ④ ♂♀
⑤ 분포. green - migration ⑥ 체색변화. 2016-7-5, 10:20 P.M. & 2016-7-6, 2:00 P.M. 제주 북제주 ⑦ ♂. 2016-7-7. 제주 북제주

⑤

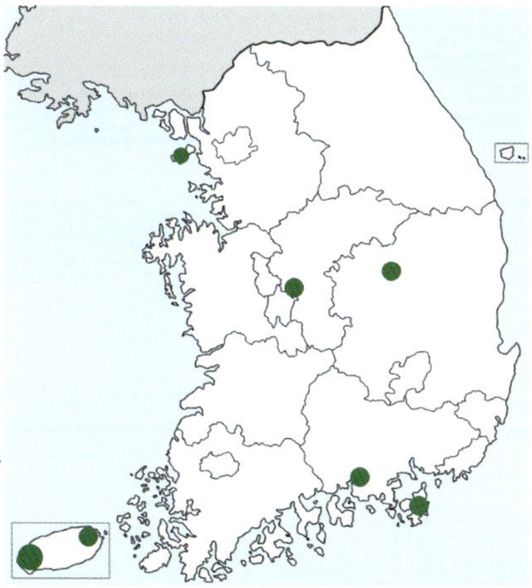

⑥

⑦

32. 먹줄왕잠자리

Anax nigrofasciatus Oguma, 1915

①

②

③

④

• 성충 몸길이 Adult body length [mm]

	whole body	head & thorax	abdomen & app.	forewing / hindwing
♂	73~81	21~22	52~59	46~50 / 45~49
♀	72~77	21~22	51~55	47~50 / 46~49

전국에 분포하고 서식지는 흔하며 개체밀도는 보통 수준이다. 5월초에서 6월까지 짝짓기하고, 8월말 이후 2세대가 나오는 곳도 있다. 평지와 산지의 작은 연못에 서식한다. 암놈은 물풀 줄기에 단독 산란한다. 1년 1~2세대이고 유충으로 월동한다.

[유충] 몸길이 48~51 mm. 등가시는 없고, 옆가시는 제7~9배마디에 있다. 진흙바닥과 수초에서 생활한다.

• Distributed nationwide, habitats common, & population density medium; • Mating from early May to Jun. & 2nd generation in late Aug. at some localities; • Inhabiting small ponds at lowland & mountains; • Ovipositing alone on aquatic grass blades; • 1~2 generations in a year & overwintering as larvae

⑤

[Larva] • Body length 48~51 mm; • Dorsal spines absent & lateral spines on S7 to S9; • Inhabiting muddy substrates & aquatic plants; • Fig. ⑤a. F–2 instar & emerging mode

① ♂. 2008–5–8. 경기 남양주 ② ♀. 2008–5–7. 경기 남양주 ③ ④ ♂♀
⑤ 유충. 2016–4–21. 강원 인제. a – 전아종령, 우화모드 ⑥ ♀ 우화. 2018–6–24
⑦ 분포 ⑧ ♀. 산란. 2013–7–3. 충북 청주 ⑨ ♂♀. 교미. 2011–7–20. 충북 청주

⑥

⑦

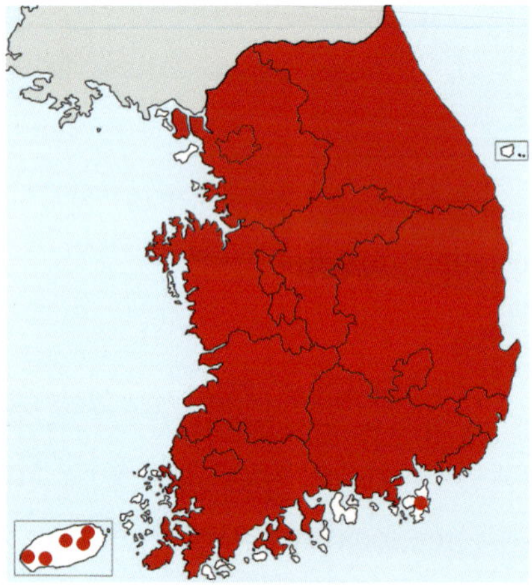

⑧

⑨

33. 왕잠자리

Anax parthenope (Selys, 1839) *A. p. julius* (Brauer, 1865)

③

④

• 성충 몸길이 Adult body length [mm]

	whole body	head & thorax	abdomen & app.	forewing / hindwing
♂	73~78	22	51~56	49~51 / 48~50
♀	73~74	22	51~52	51~52 / 50~51

전국에 분포하고 서식지는 흔하며 개체밀도는 매우 높다. 6월에서 9월까지 짝짓기한다. 평지와 산지의 연못과 흐름이 느린 냇가에도 서식한다. 물풀 줄기에 주로 암수 연결되어 가끔은 단독 산란한다. 1년 1~2세대이고 유충으로 월동한다. 개체수는 너무 많아 이들 유충이 다른 왕잠자리 유충을 다수 포식하여 왕잠과의 다양성을 저해하고 있다. Nat. Geo. 다큐 중, Kansas Univ.에서 북미대륙의 Monarch butterfly의 이동성을 추적한 편이 있는데, 왕잠자리에게도 radio tag을 붙이고 위성추적 한 결과 하루 이동거리가 161km나 되었다. 이동성이 강하다.

[유충] 몸길이 47~52 mm. 등가시는 없고, 옆가시는 제7~9배마디에 있다. 진흙바닥과 수초에서 생활한다. 우리나라 잠자리 유충 중 가장 사납고 포식성도 강하다.

⑤

• Distributed nationwide, habitats common, & population density very high; • Mating from Jun. to Sep.; • Inhabiting ponds & slow streams; • Ovipositing, mostly in tandem, on submerged plant stems; • 1~2 generations in a year & overwintering as larvae; • Population size too large & extremely predatory larvae devouring other aeshnid larvae, reducing diversity; • Highly migratory. According to a docu. by Nat. Geo. & Kansas Univ., this species' migration distance on a day was 161 km by radio tag & satellite tracking.

[Larva] • Body length 47~52 mm; • Dorsal spines absent & lateral spines on S7 to S9; • Inhabiting muddy substrates & aquatic plants; • Most ferocious & predatory larva in Korea; • Fig. ⑤a. 5th instar & emerging mode

① ♂. 2006-9-4. 인천 중구 ② ♀. 2008-6-24. 경기 남양주 ③ ④ ♂♀
⑤ 유충. 2015-11-22. 경기 용인. a - 5령 유충, 우화모드 ⑥ ♂ 우화. 2016-1-14
⑦ 분포 ⑧ ♀ blue type. 2013-6-15. 충북 진천 ⑨ ♂. 2007-8-26. 경기 남양주
⑩ ♂♀. 산란. 2016-7-25. 경남 산청

⑥

⑦

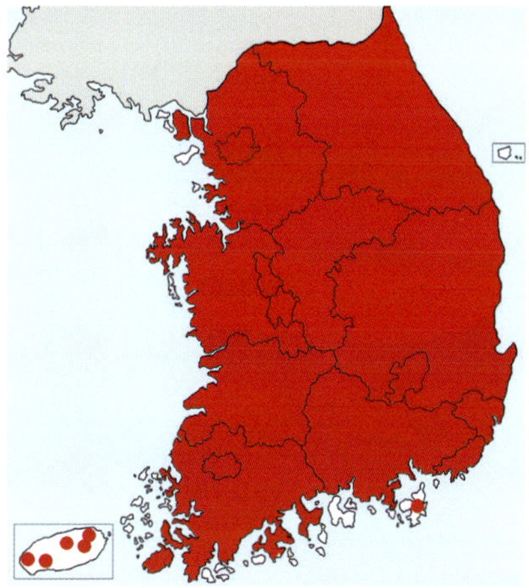

⑧

⑨

⑩

34. 한국개미허리왕잠자리

Boyeria karubei Yokoi, 2002

③

④

• 성충 몸길이 Adult body length [mm]

	whole body	head & thorax	abdomen & app.	forewing / hindwing
♂	77~84	20~21	57~63	50~52 / 49~51
♀	79~83	20~21	58~62	52~56 / 51~55

경기와 강원의 일부 하천에 분포하고 서식지는 많지 않고 개체밀도는 낮다. 7월 말에서 8월까지 짝짓기한다. 평지 하천과 산지 계곡의 나무뿌리가 우거진 구간에 서식한다. 암놈 단독으로 오후 4시 이후 물가의 나무뿌리와 주변 흙에 산란한다. 2~3년 1세대이고, 첫해 겨울은 알로 월동하고, 둘째 해 겨울부터는 유충으로 월동한다. 수놈은 물가에서 제대로 영역비행한다고 볼 수 없다. 저녁 먹이활동은 물살이 빠른 곳에서 오후 7시 반쯤 시작되어 완전히 깜깜해진 8시 이후에도 지속된다. Nuclear DNA 분석결과 한국 개체들은 베트남의 *B. karubei*와 같은 종으로 밝혀졌다.

[유충] 몸길이 42~44 mm. 등가시는 없고, 옆가시는 제5~9배마디에 있다. 모래바닥과 나무줄기에서 생활한다. 유충 사육 경험에 의하면 낮에는 바위나 유목에 붙어 움직임이 거의 없으며 밤에 바닥으로 내려와 먹이사냥을 하는데 매우 소식하고, 실내 사육에서도 성장이 느리다. 의사행동을 한다.

⑤

• Distributed in middle region, habitats rare, & population density low; • Mating from late Jul. to Aug.; • Inhabiting sandy bottomed streams edged with tree roots & boughs at lowland & mountains; • Ovipositing alone on wet tree roots & soils nearby after 4 P.M.; • 1 generation in 2~3 years & overwintering as eggs in 1st winter & as larvae from 2nd winter; • Males' territorial flight absent at waterside; • Evening feeding on rapids starting at 7:30 P.M., continuing in complete darkness; • Based on nuclear DNA analysis, Korean individuals are the same species as Vietnamese ***B. karubei***.

[Larva] • Body length 42~44 mm; • Dorsal spines absent & lateral spines on S5 to S9; • Inhabiting sandy sediment & clinging to tree branches; • Based on breeding experience, larvae clinging to rocks & woods at daytime, hunting on sands at nighttime; Eating very small & growth very slow even under in-house breeding; • Pretending dead onto external stimulus (Fig. ⑤a); Fig. ⑤b. F-1 instar

① ♂. 2012-8-3. 경기 양평 ② ♀. 2012-8-4. 경기 양평 ③ ④ ♂♀
⑤ 유충. 2018-4-18. 경기 양평. a - 의사행동. b - 아종령 ⑥ ♂ 우화. 2018-5-19
⑦ 분포 ⑧ ♂. 2015-8-27. 경기 양평 ⑨ ♀. 산란. 2015-8-26. 경기 양평

⑥

⑦

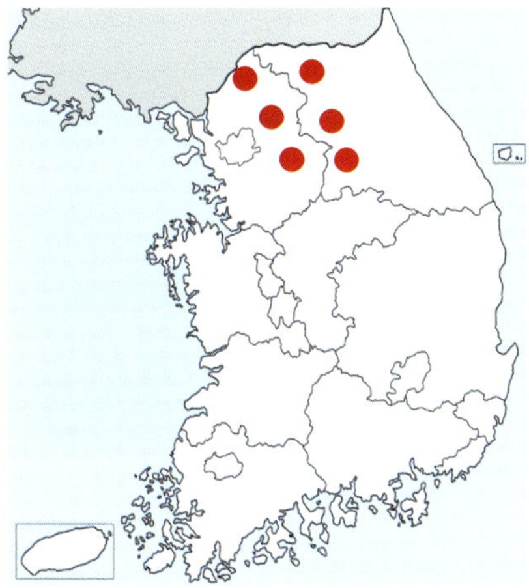

⑧

⑨

35. 개미허리왕잠자리

Boyeria maclachlani Selys, 1883

- 성충 몸길이 Adult body length [mm]

	whole body	head & thorax	abdomen & app.	forewing / hindwing
♂	80~83	20~21	60~62	50~54 / 49~53
♀	84~86	21~22	63~64	55~57 / 54~56

경상도와 충청도 속리산자락에 분포하고 서식지는 많지 않고 개체밀도는 낮다. 8월에서 9월초까지 짝짓기한다. 산지 상류 계곡에 서식한다. 암놈 단독으로 물가의 나무뿌리와 이끼 낀 바위에 산란한다. 2~3년 1세대이고, 첫해 겨울은 알로 월동하고, 둘째 해 겨울부터는 유충으로 월동한다. 암놈이 수놈보다 크다. 옆면에서 볼 때, 수놈 상부속기 밑 돌출된 부분에 편차가 있는데, 이는 지역 간 차이가 아니고

③

④

개체 간 차이로서, 한 지역의 개체 간에도 편차가 나타난다(Fig. ④). 수놈은 하루 종일 영역비행한다. Top view에서 수놈의 제2~3배마디가 유난히 가늘다. 암수 모두 사람을 두려워하지 않고 영역비행과 산란을 하는 편이다. 촬영 중 내 신발에 산란하기도 한다(Fig. ⑨).

[유충] 몸길이 45~49 mm. 등가시는 없고, 옆가시는 제5~9배마디에 있다(제4배마디 퇴화). 모래바닥과 나무줄기에서 생활한다. 유충 사육 경험에 의하면 낮에는 바위나 유목에 붙어 움직임이 거의 없으며 밤에 바닥으로 내려와 먹이사냥한다. 의사행동을 한다.

• Distributed in southeastern region, habitats uncommon, & population density low; • Mating from Aug. to early Sep.; • Inhabiting upper valley streams; • Ovipositing alone on wet tree roots & mossy rocks; • 1 generation in 2~3 years & overwintering as eggs in 1st winter & as larvae from 2nd winter; • Females larger than males; • Variation in ventral protrusion on proximal part of male cercus in

⑤

lateral view, between individuals, not by regions (Fig. ④); • Males territorial flight all day; • Males' abdominal S2 & S3 extremely slender in dorsal view; • Both sexes not minding humans at waterside, even ovipositing on my hiking boot while taking photos (Fig. ⑨)

[Larva] • Body length 45~49 mm; • Dorsal spines absent & lateral spines on S5 to S9 (S4 degenerated); • Inhabiting sandy sediment & clinging to tree branches; • Based on breeding experience, larvae clinging to rocks & woods at daytime, hunting on sands at nighttime; • Pretending dead onto external stimulus; Fig. ⑤a, F-1 instar

① ♂. 2009-8-8. 충북 괴산 ② ♀. 2009-8-4. 충북 괴산 ③ ④ ♂♀
⑤ 유충. 2016-4-29. 충북 괴산. a - 아종령 ⑥ ♀ 우화. 2016-6-23 ⑦ 분포
⑧ ♀. 산란. 2009-8-19. 충북 괴산 ⑨ ♀. 산란. 2019-8-13. 경남 거제
⑩ ♂. 2010-8-9. 충북 괴산

⑥

⑦

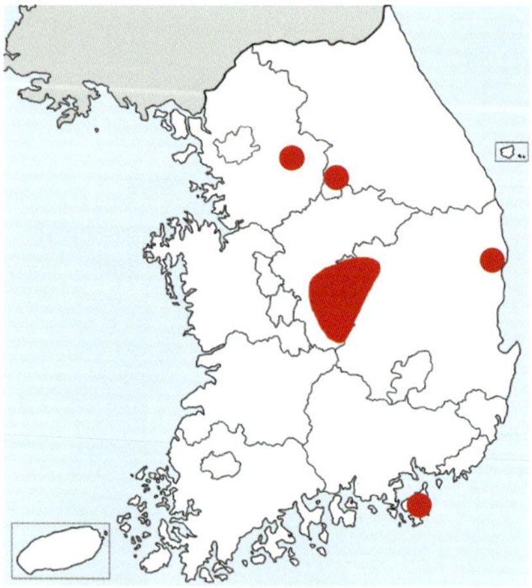

⑧

⑨

⑩

36. 잘록허리왕잠자리

Gynacantha japonica Bartenev, 1910

①

②

③

④

• 성충 몸길이 Adult body length [mm]

	whole body	head & thorax	abdomen & app.	forewing / hindwing
♂	67~70	16~17	51~53	42~44 / 41~43
♀	67~70	16~17	51~53	44~45 / 43~44

전국적으로 분포하고 서식지는 흔하지 않고 개체밀도는 낮다. 내륙에서는 8월 중순에서 10월 중순까지 짝짓기하고, 제주에서는 7월과 10월에 산란한다. 평지와 낮은 산지의 장마철에만 물이 차는 일시적인 웅덩이, 습지, 논에 서식한다. 암놈 단독으로 물가 주변의 흙에 산란한다. 1년 1세대이고 알로 월동한다. 장마가 시작되어 물이 마른 웅덩이에 물이 고이기 시작하는 시점에 유충 부화가 시작되고 초고속 성장하여 한 달 이내에 우화한다. 암놈은 긴 미모를 가지고 있는데(Fig. ⑧) 산란을 시작하며 미모는 곧 떨어져 짧아진다.

[유충] 몸길이 33~35 mm. 등가시는 없고, 옆가시는 제6~9배마디에 있다. 진흙바닥에 서식한다.

⑤

• Distributed nationwide, habitats uncommon, & population density low; • Mating from mid Aug. to mid Oct. at inland, whereas in Jul. & Oct. at Jeju; • Inhabiting temporary swamps, marshes, & paddy fields; • Ovipositing alone on soils; • 1 generation in a year & overwintering as eggs; • Hatching upon monsoon; Duration from hatching to emerging taking less than a month; • Females' cerci very long as in Fig. ⑧, which shorn off upon oviposition

[Larva] • Body length 33~35 mm; • Dorsal spines absent & lateral spines on S6 to S9; • Inhabiting muddy substrates; • Fig. ⑤a. F-1 instar & emerging mode

① ♂. 2012-9-15. 서울 강동 ② ♀. 2008-10-4. 경기 연천 ③ ④ ♂♀
⑤ 유충. 2016-7-24. 서울 강동. a - 아종령. 우화모드 ⑥ ♂ 우화. 2018-8-1
⑦ 분포 ⑧ ♀ 미성숙. 2012-9-8. 제주 북제주 ⑨ ♂. 2012-10-3. 서울 마포
⑩ ♂♀. 교미. 2012-10-7. 서울 강동

⑥

⑦

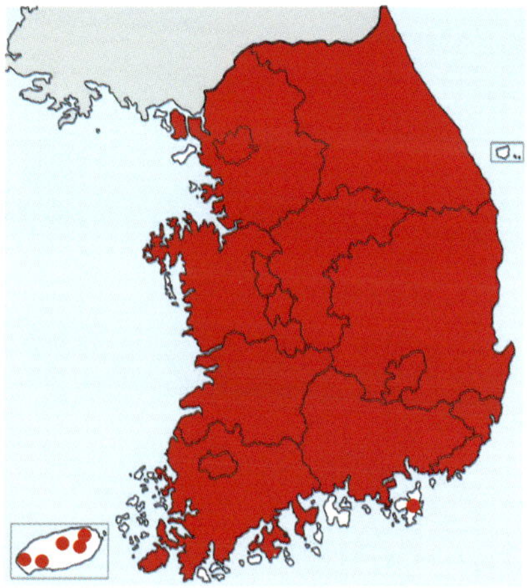

⑧

⑨

⑩

37. 황줄왕잠자리

Polycanthagyna melanictera (Selys, 1883)

③

④

• 성충 몸길이 Adult body length [mm]

	whole body	head & thorax	abdomen & app.	forewing / hindwing
♂	82~84	20~21	62~63	50~53 / 49~52
♀	78~82	21~22	57~60	52~54 / 51~53

전국적으로 분포하고 서식지는 적지 않고 개체밀도는 낮다. 6월말에서 7월까지 짝짓기한다. 산지의 그늘지고 수초가 없는 작은 웅덩이에 서식한다. 암놈 단독으로 물가 주변의 흙에 산란한다. 1년 1세대이고 유충으로 월동한다. 수놈은 오전 11시 전후 물가에 암놈을 찾아 잠시 나타날 뿐 웅덩이에서 영역비행하지 않는다. 낮과 저녁에 따라 겹눈색의 변화가 크다(Fig. ⑨). 수놈 겹눈은 낮 1~2시에는 거의 백옥색이었다가 점차 하늘색으로, 저녁에는 군청색으로 변한다. 암놈 겹눈은 밝은 녹색에서 검정에 가까운 진녹색으로 변한다. 이는 겹눈 색소가 빛에 반응하여, 어두워지면 빛을 좀 더 잘 흡수하고 먹이사냥에도 유리하게 하는 역할 때문이라고 한다. 저녁에는 밝은 형광등 아래 오래 두어도 겹눈색은 낮처럼 밝아지지 않는데 국소광원 정도에는 반응하지 않는 것으로 보인다. 이런 현상은 왕잠자리과의 일부 종에서 일어나는데, 큰무늬왕 암수, 참별박이왕 암놈, 별박이왕 암놈, 도깨비왕 암놈에게서도 볼 수 있다. 남방왕과 *Anax panybeus*는 겹눈과 배무늬 모두 검게 변한다.

⑤

[유충] 몸길이 44~45 mm. 등가시는 없고, 옆가시는 제6~9배마디에 있다. 진흙바닥에 서식한다. 유충사육 경험이 매우 흥미로웠다. 잠자리 유충 대부분은 사람이 접근하여 손이나 나무젓가락을 물에 넣으면 기겁을 하고 도망치기 바쁜데, 황줄왕 유충은 이렇게 먹이 주는 것에 어느 정도 친밀감이 형성된다. 한 손으로 나무젓가락에 올챙이를 잡고, 다른 손으로 유충을 이쪽으로 살살 몰면 놀라 도망가지 않고 먹이 쪽으로 다가와 잡아먹는다. 거의 애완동물 수준으로 길이 든다. 약간의 지능이 있는 것으로 보일 정도이다.

• Distributed nationwide, habitats not uncommon, & population density low; • Mating from late Jun. to Jul.; • Inhabiting shady small ponds without aquatic plants at mountains; • Ovipositing alone on soils; • 1 generation in a year & overwintering as larvae; • Males appearing at waterside to find females at around 11 A.M., but territorial flight absent there; • Colour change in compound eyes upon timeslot: Fig. ⑨. 2015-7-9, 3 P.M., 9 P.M., & 11 P.M. Darkened eyes at night cannot be lightened by in-house lighting system. This phenomenon occurs to some aeshnids such as ***A. anisoptera*** ♂♀, ***A. crenata*** ♀, ***A. juncea*** ♀, & ***A. martini*** ♀. Abdominal markings together with compound eyes are darkened for ***A. guttatus*** & ***A. panybeus***.

[Larva] • Body length 44~45 mm; • Dorsal spines absent & lateral spines on S6 to S9; • Inhabiting muddy substrates; • Surprisingly, larvae can be tamed somewhat upon prey feeding by human. After several feedings, larvae develop some level of intimacy onto human, approaching to prey, not being startled & running away from human intervention to their territory, unlike other odonate larvae. Larvae seem to have some intelligence.; • Fig. ⑤a. F-1 instar & emerging mode

① ♂. 2010-8-4. 제주 남제주 ② ♀. 2008-7-25. 제주 남제주 ③ ④ ♂♀
⑤ 유충. 2017-5-10. 경기 용인. **a** - 아종령, 우화모드 ⑥ ♀ 우화. 2010-6-27
⑦ 분포 ⑧ ♀ 산란. 2010-7-25. 경기 용인 ⑨ ♂♀. 겹눈색 변화. 2015-7-9. 3 P.M., 9 P.M., & 11 P.M. ⑩ ♂. 2018-7-29. 경기 용인

⑥

⑦

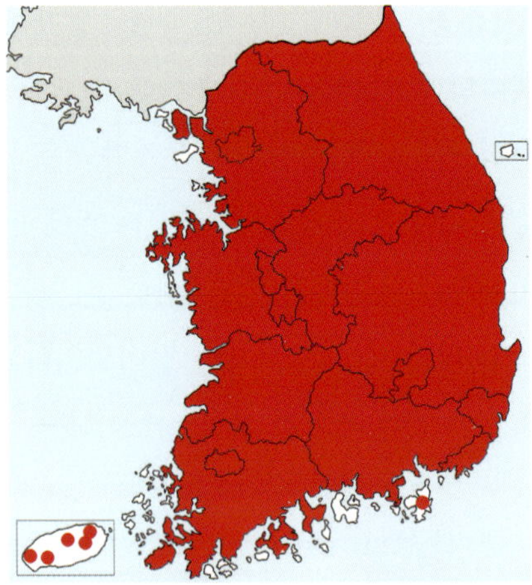

⑧

⑨

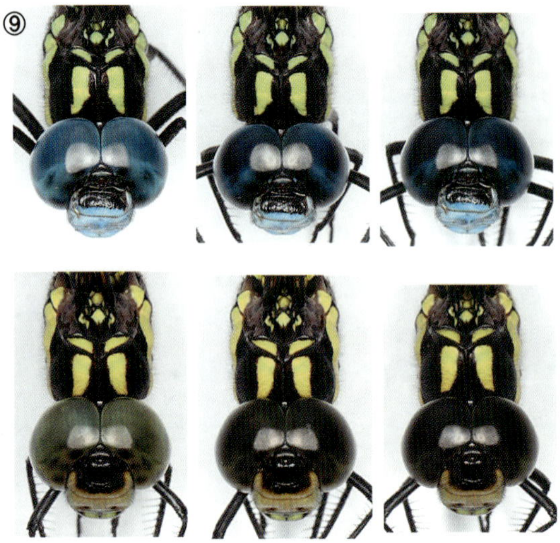

⑩

38. 한라별왕잠자리

Sarasaeschna pryeri (Martin, 1909)

①

②

③

④

• 성충 몸길이 Adult body length [mm]

	whole body	head & thorax	abdomen & app.	forewing / hindwing
♂	61~66	17~17.5	44~48.5	37~39 / 36~38
♀	57~58	16~16.5	41~42	38~39 / 37~38

2004년 제주에서 우화각이 최초 발견되었고, 제주 한라산에만 분포하고 서식지도 희귀하며 개체밀도도 극히 낮다. 짝짓기는 6월말에서 7월초에 이루어진다. 고지 계곡의 물웅덩이에 서식한다. 암놈 단독으로 이끼 낀 바위, 마른 바위, 바닥 흙에 산란한다. 유충으로 월동하고, 한 세대는 최소 2년 이상 걸릴 것으로 추측된다. 전전아종령 유충 두 마리를 종령 유충이 될 때까지 사육시킨 경험에 의하면, 이들은 왕잠과 뿐 아니라 일반 잠자리 유충과도 비교 안 될 정도로 공격성도 없어, 먹이가 종종 끊기는 일시적인 물웅덩이에서 사는 유충은 여러 해를 거쳐야 종령 유충이 될 것이라고 예상된다. 직사광선이 있을 때에만 비행을 볼 수 있고, 물가 영역비행은 좀처럼 관찰하기 힘들다.

[유충] 몸길이 29~32 mm. 등가시는 없고, 옆가시는 제6~9배마디에 있다. 제6배마디 가시는 매우 작다(Fig. ⑤b). 낙엽 밑면에 붙어 생활한다. 원시적인 모습을 하고 있다.

⑤

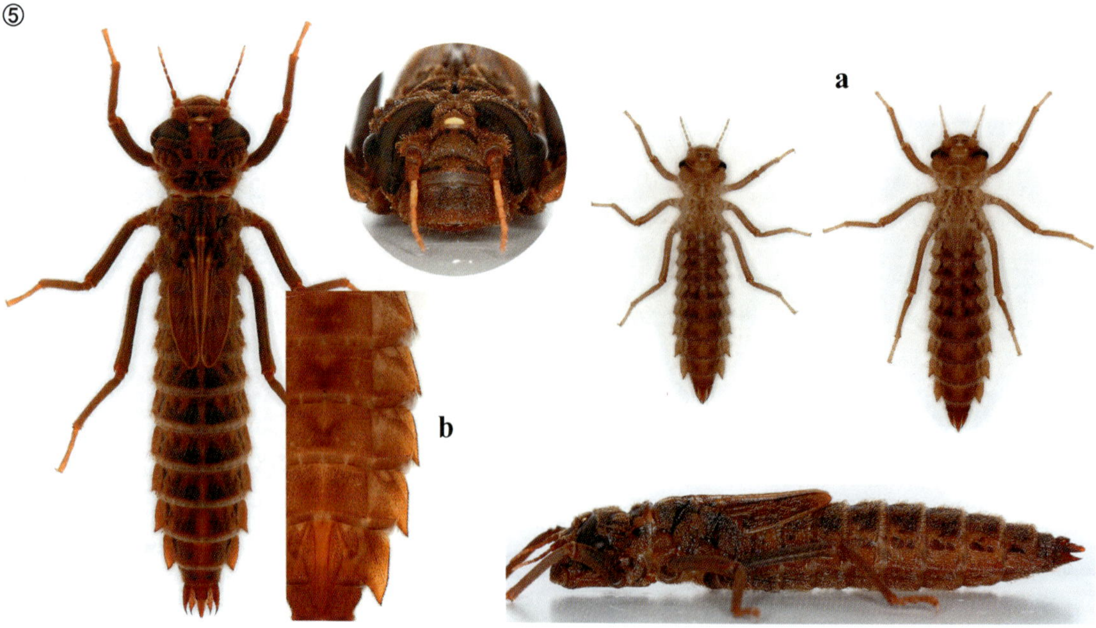

• First record of an exuvia at Jeju Island in 2004, distributed in Mt. Halla-san, Jeju only, habitats scarce, & population density extremely low; • Mating from late Jun. to early Jul.; • Inhabiting temporary pools at high elevation valleys; • Ovipositing alone on mossy rocks, dried rocks, & soils; • 1 generation in more than 2 years (speculated) & overwintering as larvae: Based on breeding two F-3 instar larvae until they grow to final instar larvae, the larva is most unaggressive among all odonate larvae in Korea. Besides, prey is very scarce in temporary pools, which are often dried out, at high Mt. Halla-san valleys; • Flying under direct sunlight only; • Territorial flight at waterside hardly observable

[Larva] • Body length 29~32 mm; • Dorsal spines absent & lateral spines on S6 to S9 (S6 very tiny, as in Fig. ⑤b); • Clinging to leaf bottom; • Looking primitive, not like modern odonate larva; • Fig. ⑤: a – F-2 instar & F-1 instar. b – female abdomen in ventral view

① ♂. 2015-6-30. 제주 남제주 ② ♀. 2020-6-27. 제주 남제주 ③ ④ ♂♀
⑤ 유충. 2019-5-4. 일본 주부지방. a – 전아종령, 아종령. b – ♀ 밑면 ⑥ 분포
⑦ ♂. 2014-6-29. 제주 남제주 ⑧ ♂. 2018-6-21. 제주 남제주
⑨ ♀. 산란. 2020-6-29. 제주 남제주 ⑩ ♂♀. 교미. 2014-6-29. 제주 남제주

⑥

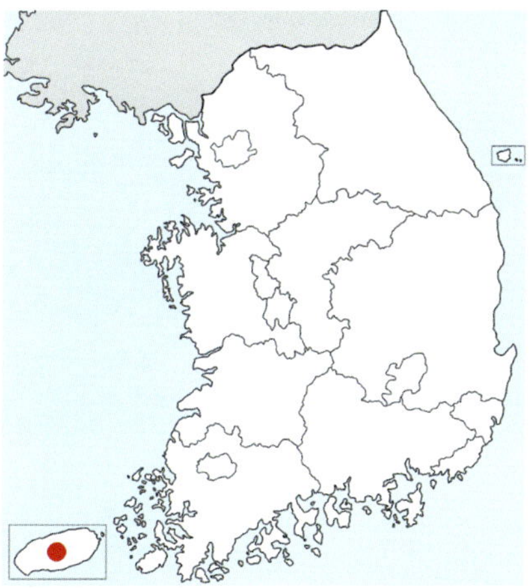

⑦

⑧

⑨

⑩

왕잠자리과 구분

Distinction in Family Aeshnidae

a – 긴무늬왕; b – 큰무늬왕

a – *A. longistigma*; b – *A. anisoptera*

[성충] 부속기 옆면

[Adult] Cercus & epiproct in lateral view

[유충] a – 등가시는 없고, 옆가시는 제6~9배마디에 있다.; b – 등가시는 제8, 9배마디에 있고, 옆가시는 제5~9배마디에 있다.

[Larva] a – Dorsal spines absent & lateral spines on S6 to S9; b – Dorsal spines on S8 to S9 & lateral spines on S5 to S9

a – 참별박이왕; b – 별박이왕; c – 하늘별박이왕

a – *A. crenata*; b – *A. juncea*; c – *A. mixta*

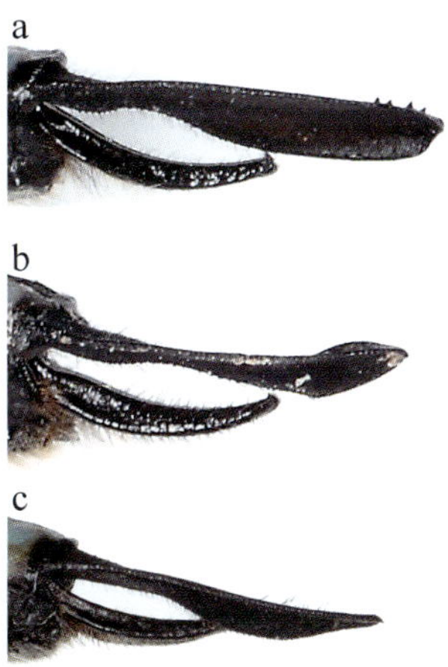

[성충] 부속기 옆면

[Adult] Cercus & epiproct in lateral view

[성충] 배 윗면 무늬

[Adult] Maculation pattern on abdomen in dorsal view

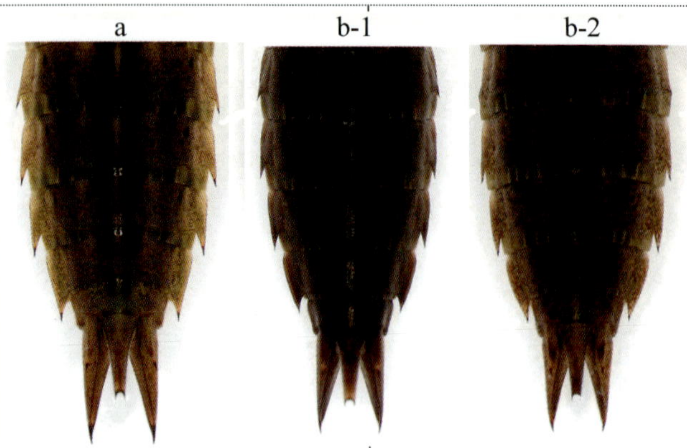

[유충] 옆가시: a – 4쌍이고 길다.; b – 4쌍 타입(b–1)과 3쌍 타입(b–2)이 있다.

[Larva] Lateral spines: a – 4 pairs & longer; b – Two types, 4 pairs (b–1) or 3 pairs (b–2)

a – 도깨비왕; b – 하늘별박이왕

a – *Aanciaeschna martini*; b – *Aeshna mixta*

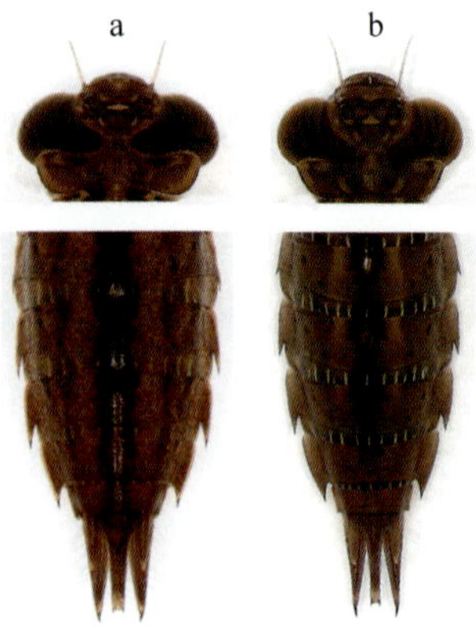

[유충] 아이러니컬하게도 이 두 종은 매우 닮아있다. 별박이왕족에 속하는 것을 생각하면 이해가 가기도 한다.; a – 몸 너비가 넓고, 옆가시가 더 길다.; b – 체형이 날씬하다.

[Larva] Ironically, these two species larvae are very alike, although understandable because the two species belong to Tribe Aeshnini.; a – Body wider & lateral spines longer; b – Body slender

a – 왕; b – 먹줄왕; c – 남방왕

a – *A. parthenope julius*; b – *A. nigrofasciatus*; c – *A. guttatus*

[성충] 부속기 옆면

[Adult] Cercus & epiproct in lateral view

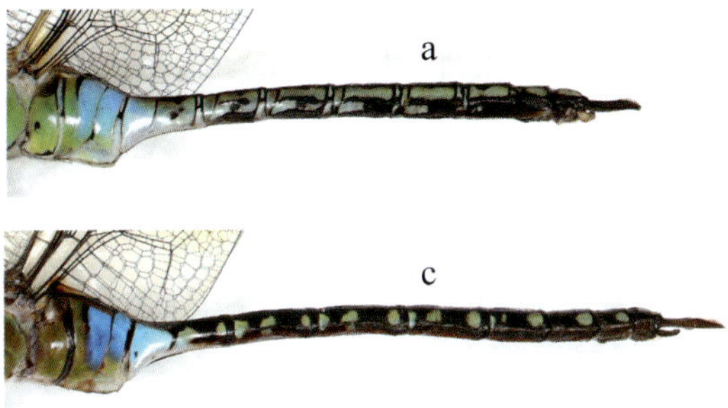

[성충] 배 옆면 무늬

[Adult] Maculation pattern on abdomen in lateral view

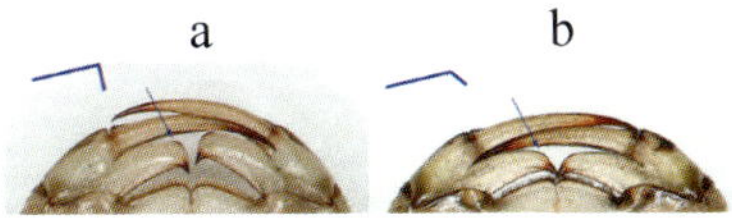

[유충] 내엽편(內葉片)과 내구(內鉤): a – 내엽편은 폭이 넓고, 내구와의 각도가 직각에 가깝다. b – 내엽편은 끝으로 가며 좁아지고, 내구와의 각도가 둔각(鈍角)을 이룬다.

[Larva] Inner lobe & end hook: a – Inner lobe wide; Angle between inner lobe & end hook right; b – Inner lobe narrower to the tip; Angle between inner lobe & end hook obtuse

a – 한국개미허리왕; b – 개미허리왕

a – *B. karubei*; b – *B. maclachlani*

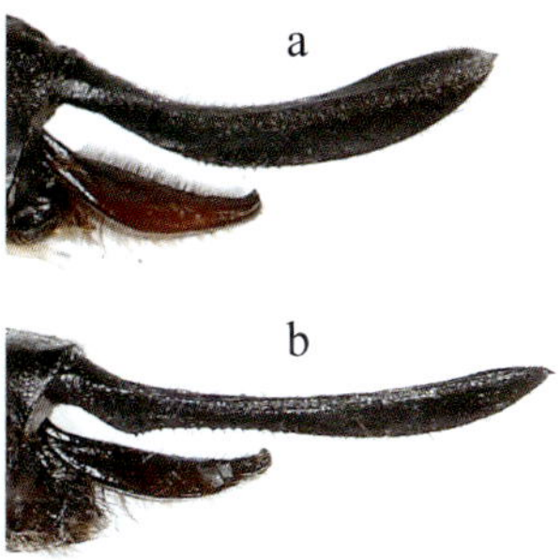

[성충] 부속기 옆면

[Adult] Cercus & epiproct in lateral view

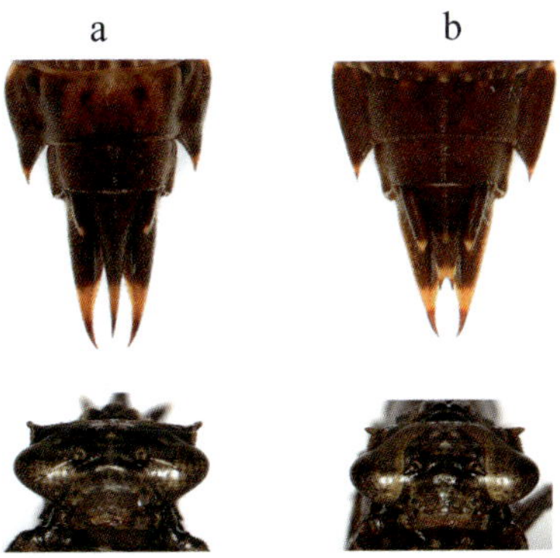

[유충] 개미허리왕은 epiproct 끝이 두 갈래로 갈라져있고, 한국개미허리왕은 갈라져 있지 않다. 앞면에서 볼 때, 한국개미허리왕 겹눈 뒤 돌기가 더 솟아있다.

[Larva] The apex of epiproct of *B. maclachlani* is bifurcated, whereas that of *B. karubei* is not.; The horn-like prominences on the posterior corners of occiput are more upturned for *B. karubei* in anterior view.

측범잠자리과

Family Gomphidae Rambur, 1842

측범잠자리과에는 전세계적으로 102속 1,005종의 잠자리가 있으며, 한국에는 13속 15종이 서식하고 있다.

소 개

39. 마아키측범잠자리 *Anisogomphus maacki* (Selys in Selys & McLachlan, 1872)
40. 노란배측범잠자리 *Asiagomphus coreanus* (Doi & Okumura, 1937)
41. 산측범잠자리 *Asiagomphus melanopsoides* (Doi, 1943)
42. 자루측범잠자리 *Burmagomphus collaris* (Needham, 1929)
43. 쇠측범잠자리 *Davidius lunatus* (Bartenev, 1914)
44. 어리부채장수잠자리 *Gomphidia confluens* Selys, 1878
45. 노란측범잠자리 *Lamelligomphus ringens* (Needham, 1930)
46. 고려측범잠자리 *Nihonogomphus ruptus* (Selys, 1858)
47. 측범잠자리 *Ophiogomphus obscurus* Bartenev, 1909
48. 어리측범잠자리 *Shaogomphus postocularis* (Selys, 1869)
49. 어리장수잠자리 *Sieboldius albardae* Selys, 1886
50. 부채장수잠자리 *Sinictinogomphus clavatus* (Fabricius, 1775)
51. 호리측범잠자리 *Stylurus annulatus* (Djakonov, 1926)
52. 가시측범잠자리 *Trigomphus citimus* (Needham, 1931)
53. 검정측범잠자리 *Trigomphus nigripes* (Selys, 1887)

39. 마아키측범잠자리

Anisogomphus maacki (Selys in Selys & McLachlan, 1872)

③

④

• 성충 몸길이 Adult body length [mm]

	whole body	head & thorax	abdomen & app.	forewing / hindwing
♂	52~56	15~16.5	37~39.5	30~34 / 29~33
♀	53~55	15.5~16	37.5~39	33~35 / 32~34

중부지방에 분포하고 서식지는 흔하지 않으며 개체밀도는 낮다. 6월말에서 7월 말까지 짝짓기한다. 평지 하천과 산지 계곡에 서식한다. 암놈 단독으로 수풀로 가려진 물가에서 산란한다. 2~3년 1세대이고 유충으로 월동한다.

[유충] 몸길이 24~25 mm. 등가시는 제9배마디에 작은 돌기 형태로 있고, 옆가시는 제7~9배마디에 있다. 모래바닥에 서식한다.

• Distributed in middle region, habitats uncommon, & population density low; • Mating from late Jun. to late Jul.; • Inhabiting streams at lowland & mountains; • Ovipositing alone on water screened with aquatic plants; • 1 generation in 2~3 years & overwintering as larvae

[Larva] • Body length 24~25 mm; • Dorsal spine on S9 (very small) & lateral spines on S7 to S9; • Inhabiting sandy sediment

⑤

① ♂. 2012-6-28. 경기 연천 ② ♀. 2012-7-2. 경기 연천 ③ ④ ♂♀
⑤ 유충. 2016-5-9. 강원 철원. **a** - ♀ 우화. 2018-6-8 ⑥ ♂ 우화. 2018-6-7
⑦ 분포 ⑧ ♂. 2012-6-29. 경기 연천 ⑨ ♀. 2009-7-22. 경기 남양주

⑥

⑦

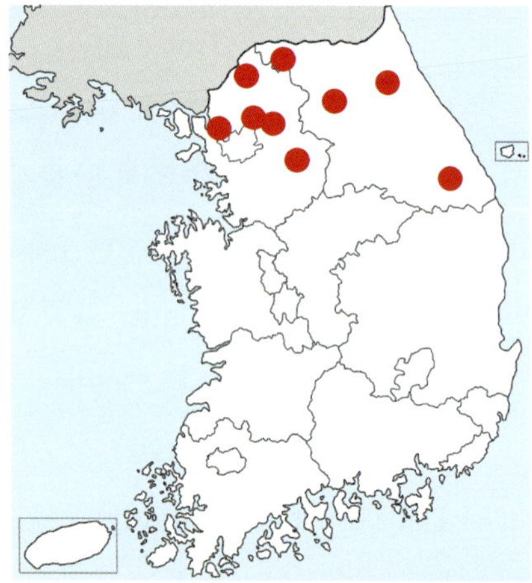

⑧

⑨

40. 노란배측범잠자리

Asiagomphus coreanus (Doi & Okumura, 1937)

③

④

• 성충 몸길이 Adult body length [mm]

	whole body	head & thorax	abdomen & app.	forewing / hindwing
♂	59~63	17~18.5	42~44.5	37~38 / 36~37
♀	59~64	17~18.5	42~45.5	39~41 / 38~40

전국에 분포하고 서식지는 희귀하며 개체밀도는 낮다. 6월 중순에서 7월초까지 짝짓기한다. 평지 넓은 하천과 강에 서식한다. 암놈 단독으로 수풀로 가려진 물가에서 산란한다. 2~3년 1세대이고 유충으로 월동한다. 낮에는 물가에서 좀처럼 보기 어렵고 오후 6시 이후 어두워지기 시작하면 수놈 영역비행과 암놈 산란, 짝짓기가 이루어진다.

[유충] 몸길이 33~35 mm. 등가시는 제9배마디에 작은 돌기 형태로 있고, 옆가시는 제7~9배마디에 있다. 모래바닥에 서식한다.

⑤

• Distributed nationwide, habitats scarce, & population density low; • Mating from mid Jun. to early Jul.; • Inhabiting wide streams & rivers; • Ovipositing alone on water surface; • 1 generation in 2~3 years & overwintering as larvae; • Territorial flight & oviposition mainly after 6 P.M.

[Larva] • Body length 33~35 mm; • Dorsal spine on S9 (very small) & lateral spines on S7 to S9; • Inhabiting sandy sediment

① ♂. 2015-6-16. 경기 연천 ② ♀. 2016-6-19. 경기 연천 ③ ④ ♂♀
⑤ 유충. 2016-4-12. 경기 연천. a - 우화모드. b - ♀ 우화. 2015-5-25.
⑥ ♂ 우화. 2018-5-10 ⑦ 분포 ⑧ ♂. 2017-6-17. 경기 연천
⑨ ♂♀. 교미. 2018-6-24. 경기 양평

⑥

⑦
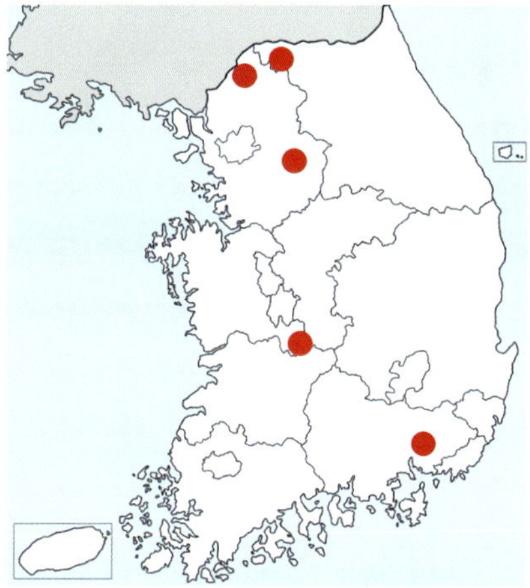

⑧

⑨

41. 산측범잠자리

Asiagomphus melanopsoides (Doi, 1943)

①

②

③

④

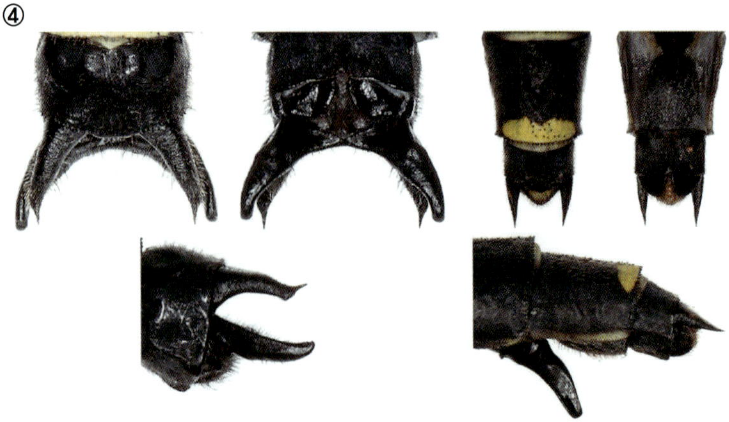

• 성충 몸길이 Adult body length [mm]

	whole body	head & thorax	abdomen & app.	forewing / hindwing
♂	55~57	17	38~40	36~38 / 35~37
♀	55~57	17	39~40	39~40 / 38~39

전국에 분포하고 서식지는 희귀하며 개체밀도는 낮다. 6월 중순에서 7월 중순까지 짝짓기한다. 산지 상류 계곡에 서식한다. 암놈은 물이 축축하게 젖어있는 진흙이나 모래에 60~80도 각도로 스파이크를 찔러 넣으며 반복 산란한다. 2~3년 1세대이고 유충으로 월동한다.

[유충] 몸길이 32~34 mm. 등가시는 제8~9배마디에 작은 흔적으로 남아있고, 옆가시는 제6~9배마디에 있다. 모래바닥에 서식한다.

• Distributed nationwide, habitats very rare, & population density low; • Mating from mid Jun. to mid Jul.; • Inhabiting upper montane streams; • Ovipositing alone on shallow watered sand/mud by repetitively poking with its spike; • 1 generation in 2~3 years & overwintering as larvae

⑤

[Larva] • Body length 32~34 mm; • Dorsal spines on S8 to S9 (very small) & lateral spines on S6 to S9; • Inhabiting sandy sediment

① ♂. 2012-7-12. 충북 청주 ② ♀. 2012-7-3. 충북 청주 ③ ④ ♂♀
⑤ 유충. 2016-4-24. 경기 연천. **a** - 우화모드 ⑥ ♀ 우화. 2018-5-6
⑦ 분포 ⑧ ♂. 2012-6-18. 충북 청주 ⑨ ♀. 산란. 2013-7-16. 충북 청주

⑥

⑦

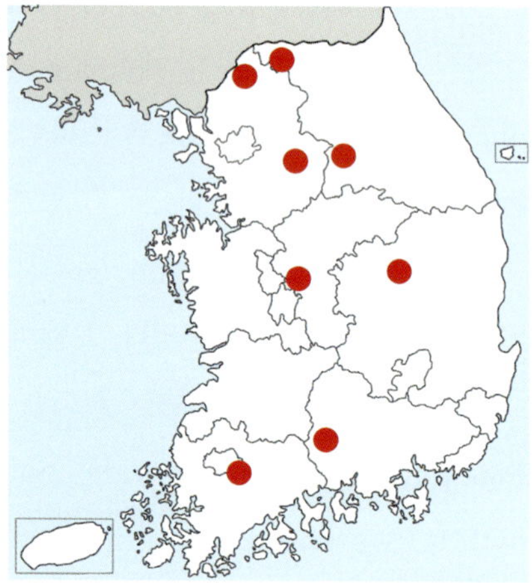

⑧

⑨

42. 자루측범잠자리

Burmagomphus collaris (Needham, 1929)

③

④

• 성충 몸길이 Adult body length [mm]

	whole body	head & thorax	abdomen & app.	forewing / hindwing
♂	47~49	12.5~13	34.5~36	28~30 / 27~29
♀	49~51	14~15	35~36	31~33 / 30~32

전국에 분포하고 서식지는 흔하며 개체밀도는 높다. 6월말에서 8월초까지 짝짓기한다. 평지의 하천 중류에 서식한다. 암놈 단독으로 수면 위를 돌아다니며 산란한다. 수놈은 하루 종일 수면을 나는데 제자리비행도 많이 하며 바위에 자주 앉는 편이다. 2년 1세대이고 유충으로 월동한다.

[유충] 몸길이 21~22 mm. 등가시는 제8~9배마디에 있고, 옆가시는 제7~9배마디에 있다. 모래바닥에 서식한다.

• Distributed nationwide, habitats common, & population density high; • Mating from late Jun. to early Aug.; • Inhabiting streams at lowland; • Ovipositing alone on water surface; • Males frequently hovering & perching on rocks during territorial flight; • 1 generation in 2 years & overwintering as larvae

⑤

[Larva] • Body length 21~22 mm; • Dorsal spines on S8 to S9 & lateral spines on S7 to S9; • Inhabiting sandy sediment

① ♂. 2014-7-7. 경기 연천 ② ♀. 2011-7-25. 경기 구리 ③ ④ ♂♀
⑤ 유충. 2016-4-14. 경기 연천 ⑥ ♂ 우화. 2017-6-9 ⑦ 분포
⑧ ♂. 2015-7-2. 경기 연천 ⑨ ♀. 2010-7-15. 충북 청주

⑥

⑦

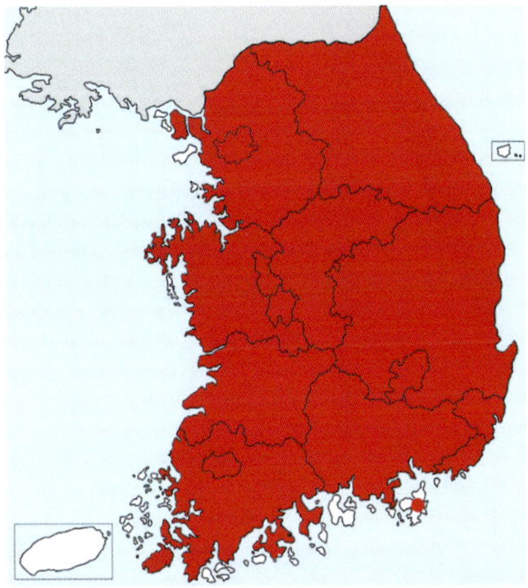

⑧

⑨

43. 쇠측범잠자리

Davidius lunatus (Bartenev, 1914)

①

②

③

④

• 성충 몸길이 Adult body length [mm]

	whole body	head & thorax	abdomen & app.	forewing / hindwing
♂	36~42	10.5~11.5	25.5~30.5	24~26 / 23~25
♀	34~40	10.5~11.5	23.5~28.5	24~27 / 23~26

전국에 분포하고 서식지는 흔하며 개체밀도는 보통이다. 5월말에서 6월말까지 짝짓기한다. 산지 계곡에 서식한다. 암놈 단독으로 수면에 산란한다. 2년 1세대이고 유충으로 월동한다.

[유충] 몸길이 18~20 mm. 등가시는 없고, 옆가시는 제7~9배마디에 있다. 모래 바닥에 서식한다.

• Distributed nationwide, habitats common, & population density medium; • Mating from late May to late Jun.; • Inhabiting valley streams at mountains; • Ovipositing alone on water surface; • 1 generation in 2 years & overwintering as larvae

[Larva] • Body length 18~20 mm; • Dorsal spines absent & lateral spines on S7 to S9; • Inhabiting sandy sediment

⑤

① ♂. 2012-5-31. 서울 서초 ② ♀. 2012-6-4. 서울 서초 ③ ④ ♂♀
⑤ 유충. 2015-10-9. 서울 서초. **a** - 우화모드 ⑥ ♂ 우화. 2018-3-13
⑦ 분포 ⑧ ♂. 2012-6-1. 서울 서초 ⑨ ♀. 2012-6-18. 충북 청주

⑥

⑦

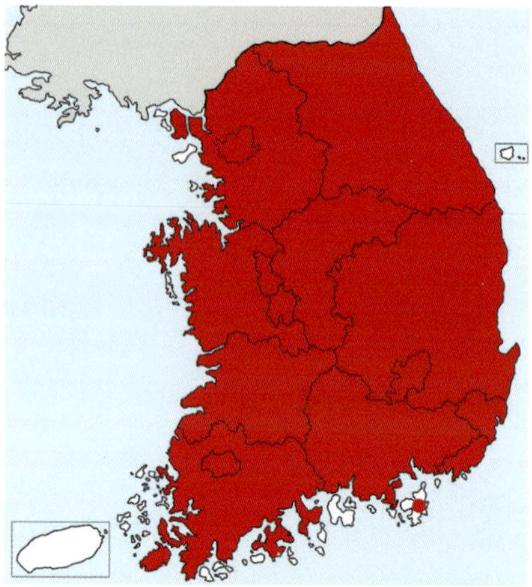

⑧

⑨

44. 어리부채장수잠자리

Gomphidia confluens Selys, 1878

①

②

③

④

• 성충 몸길이 Adult body length [mm]

	whole body	head & thorax	abdomen & app.	forewing / hindwing
♂	72~76	21~23	51~53	45~49 / 44~48
♀	75~79	22~23	53~56	49~51 / 48~50

전국에 분포하고 서식지는 흔하지 않고 개체밀도는 보통이다. 6월 중순에서 7월 중순까지 짝짓기한다. 평지의 큰 저수지에 서식하는데 물이 누렇게 되지 않은 비교적 깨끗한 수질이어야 하고, 유속이 느린 하천과 강에 서식하는 경우도 많다. 짧은 교미 후 암놈 단독으로 수면 위에 산란한다. 2년 1세대이고 유충으로 월동한다. 유충과 성충 모두 암놈이 수놈보다 크다. 한국 잠자리 중에서 가장 강한 턱을 가지고 있는 것으로 생각된다. 장수 암놈보다 턱은 작아도 강철 같은 단단함, 두꺼움, 날카로움은 최강이다. 꿀벌도 자주 사냥한다. 암놈은 특히 사람이 코앞에까지 다가가도 배만 치켜세우며 기세를 펼칠 뿐 손으로 건드리기 전까지는 도망가지 않는 경우가 많다. 흥미롭게도 제10배마디 윗면에는 큰 눈 모양의 무늬가 암수 모두에게 있는데, 다른 여러 동물들이 그러하듯이 뒤쪽에서의 공격을 저지하는 역할을 하는 것으로 보인다(Fig. ④).

⑤

[유충] 몸길이 32~34 mm. 등가시는 제2~9배마디에 있고, 옆가시는 제4~9배마디에 있다. 모래바닥에 서식한다.

• Distributed nationwide, habitats uncommon, & population density medium; • Mating from mid Jun. to mid Jul.; • Inhabiting lakes (clear, not yellowish water), slow rivers, & wide streams at flatland; • Ovipositing alone on water surface after short mating; • 1 generation in 2 years & overwintering as larvae; • Females larger than males for both larvae & adults; • Strongest jaws among all odonata in Korea – 2nd biggest next to *Anotogaster sieboldii* female, but thickest, hardest, & sharpest; • Commonly hunting honey bees; • Females bold, not afraid of approaching humans, often not flying away, with abdomen raised; • Fig. ④: Can you see eyes? Interestingly, big eyes like markings on dorsal side of S10 for both sexes, probably blocking aggression from behind, just like some animals

[Larva] • Body length 32~34 mm; • Dorsal spines on S2 to S9 & lateral spines on S4 to S9; • Inhabiting sandy sediment

① ♂. 2012-6-16. 경기 연천 ② ♀. 2012-6-16. 경기 연천 ③ ④ ♂♀
⑤ 유충. 2015-10-19. 충북 진천 ⑥ ♀ 우화. 2018-5-9 ⑦ 분포
⑧ ♂. 2008-6-26. 경기 양평 ⑨ ♀. 2008-6-26. 경기 양평

⑥

⑦

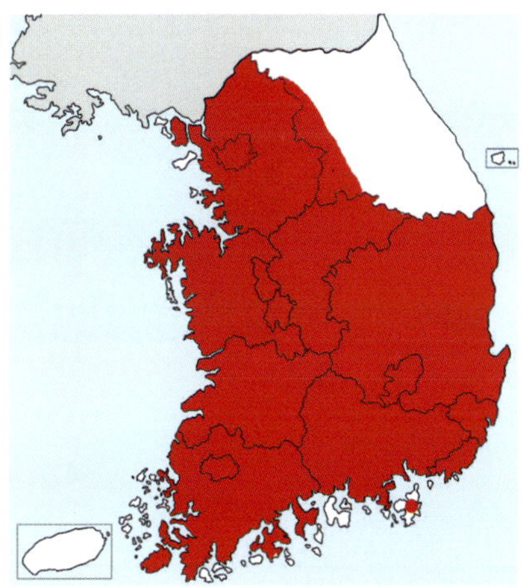

⑧

⑨

45. 노란측범잠자리

Lamelligomphus ringens (Needham, 1930)

③

④

• 성충 몸길이 Adult body length [mm]

	whole body	head & thorax	abdomen & app.	forewing / hindwing
♂	58~66	17~18	41~48	35~37 / 34~36
♀	58~65	17~18	41~47	37~41 / 36~40

전국에 분포하고 서식지는 흔하며 개체밀도는 보통이다. 7월에서 8월까지 짝짓기한다. 평지의 하천 중류에 서식한다. 암놈 단독으로 수면으로 알을 떨어뜨린다. 2년 1세대이고 유충으로 월동한다. 수놈은 배를 20도 정도 치켜세우고 앉고, 겹눈은, 측범과에서는 유일하게, 하늘색을 하고 있다.

[유충] 몸길이 24~27 mm. 등가시는 제2~9배마디에 있고, 옆가시는 제7~9배마디에 있다. 모래바닥에 서식한다.

• Distributed nationwide, habitats common, & population density medium; • Mating from Jul. to Aug.; • Inhabiting streams at lowland; • Dropping eggs, alone, on water; • 1 generation in 2 years & overwintering as larvae; • Perching with abdomen raised about 20 degrees; • Sky-blue compound eyes for males, unlike other gomphids

⑤

[Larva] • Body length 24~27 mm; • Dorsal spines on S2 to S9 & lateral spines on S7 to S9; • Inhabiting sandy sediment; • Fig. ⑤a – F–1 instar

① ♂. 2006–7–23. 경기 남양주 ② ♀. 2006–7–20. 경기 남양주 ③ ④ ♂♀
⑤ 유충. 2015–10–11. 경기 파주. a – 아종령 ⑥ ♂ 우화. 2018–6–16
⑦ 분포 ⑧ ♂. 2009–7–19. 경기 남양주 ⑨ ♀. 산란. 2016–8–2. 경기 양주

⑥

⑦
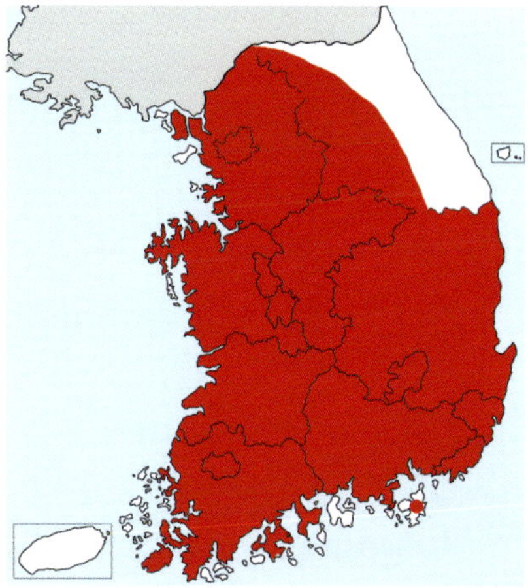

⑧

⑨

46. 고려측범잠자리 *Nihonogomphus ruptus* (Selys, 1858)

syn. *Nihonogomphus minor* Doi, 1943

①

②

③

④

• 성충 몸길이 Adult body length [mm]

	whole body	head & thorax	abdomen & app.	forewing / hindwing
♂	52~55	15~16	37~39	27~29 / 25~27
♀	48~49	15.5~17	32~32.5	29~31 / 27~29

중부지방에 분포하고 서식지는 희귀하며 개체밀도는 낮다. 5월에서 6월초까지 짝짓기한다. 평지의 강과 하천중류에 서식하는데, 자갈이 깔리고 물살이 빠른 곳에서 영역비행과 산란이 이루어진다. 암놈 단독으로 빠르게 수면 위를 날아가며 배 끝을 물에 스치며 산란하고, 가끔은 공중에서 알을 떨어뜨리기도 한다. 2년 1세대이고 유충으로 월동한다. 수놈은 물가를 지나가는 자기보다 덩치 큰 노란잔산과 어리측범에게 어김없이 달려드는 급한 성질을 가지고 있다.

[유충] 몸길이 28~29 mm. 등가시는 제2~9배마디에 있고, 옆가시는 제6~9배마디에 있다. 유속이 빠른 자갈바닥에 서식한다.

• Distributed in middle region, habitats rare, & population density low; • Mating from May to early Jun.; • Inhabiting rapid areas of wide streams & rivers with pebble-bottom; • Ovipositing mostly by fast-

⑤

flying through, touching the tip of abdomen on water, or occasionally by dropping eggs above water; • 1 generation in 2 years & overwintering as larvae; • Males hot-tempered, gaining on & provoking flying through larger anisopterans such as ***Macromia daimoji*** **&** ***Shaogomphus postocularis***

[Larva] • Body length 28~29 mm; • Dorsal spines on S2 to S9 & lateral spines on S6 to S9; • Inhabiting pebble substrate at rapids

① ♂. 2012-5-25. 경기 연천 ② ♀. 2013-6-10. 경기 연천 ③ ④ ♂♀
⑤ 유충. 2016-4-4. 경기 연천 ⑥ ♂ 우화. 2018-4-21 ⑦ 분포
⑧ ♂. 2010-6-2. 경기 연천 ⑨ ♂♀. 교미. 2017-5-7. 경기 연천

⑥

⑦
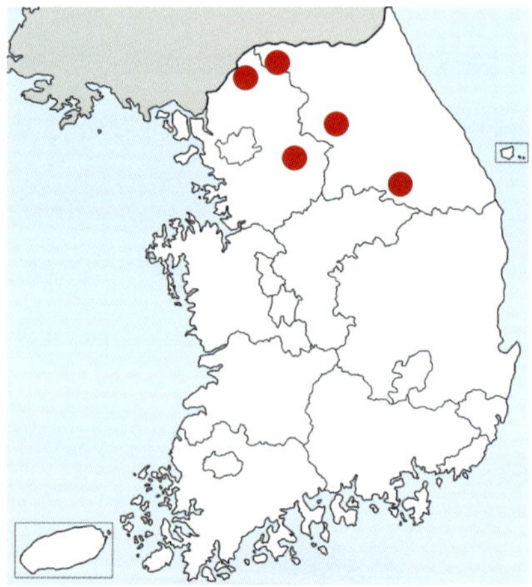

⑧

⑨

47. 측범잠자리

Ophiogomphus obscurus Bartenev, 1909

①

②

③

④

• 성충 몸길이 Adult body length [mm]

	whole body	head & thorax	abdomen & app.	forewing / hindwing
♂	60~62	17.5~18	42.5~44	36~38 / 35~37
♀	61~62	17.5~18	43.5~44	40~41 / 39~40

강원도에 분포하고 서식지는 희귀하며 개체밀도는 매우 낮다. 7월에서 8월 중순까지 짝짓기 한다. 한여름에도 수온이 낮은 고산 계곡에 서식한다. 암놈 단독으로 빠르게 날며 수면 위를 스치며 알을 낳는다. 2~3년 1세대이고 유충으로 월동한다. 오후 1~2시경 수놈들이 계곡 상공 4~6 m 위에서 바람을 타고 제자리비행을 오래 하는 모습이 보인다(Fig. ⑩). 측범과에서는 매우 이례적인 모습이다.

[유충] 몸길이 31~32 mm. 등가시는 제2~9배마디에 있고, 옆가시는 제7~9배마디에 있다. 유속이 빠른 곳의 바위아래에 붙어 생활한다.

• Distributed in mideastern region, habitats scarce, & population density very low; • Mating from Jul. to mid Aug.; • Inhabiting montane streams at high elevation where water cold even in summer; • Ovipositing alone by touching the tip of abdomen on water; • 1

⑤

generation in 2~3 years & overwintering as larvae; • Unusually for a gomphid, males gliding standstill by riding the wind at 4~6 m above valley streams at 1~2 P.M. (Fig. ⑩)

[Larva] • Body length 31~32 mm; • Dorsal spines on S2 to S9 & lateral spines on S7 to S9; • Clinging to rocks at rapids

① ♂. 2012-7-10. 강원 인제 ② ♀. 2012-7-10. 강원 인제 ③ ④ ♂♀
⑤ 유충. 2016-7-12. 강원 인제. a – ♀ 우화. 2018-6-17 ⑥ ♂ 우화. 2018-6-11
⑦ 분포 ⑧ ⑩ ♂. 2016-7-11. 강원 인제 ⑨ ♂. 2011-7-21. 강원 인제
⑪ ♀. 산란 전 알 모으기. 2016-7-11. 강원 인제

⑥

⑦
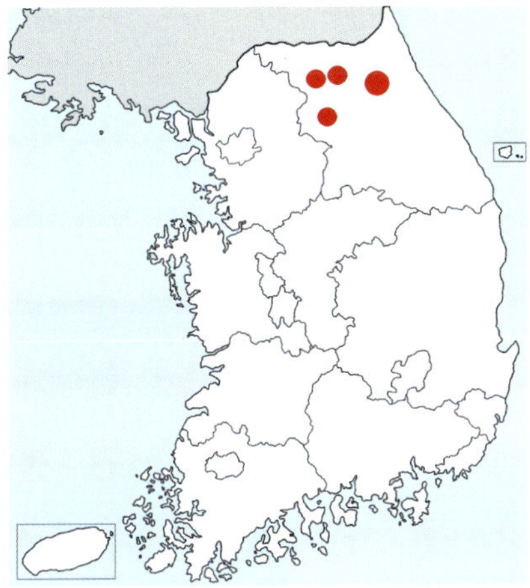

⑧

⑨

⑩

⑪

48. 어리측범잠자리

Shaogomphus postocularis (Selys, 1869) *S. p. epophthalmus* (Selys, 1872)

③

④

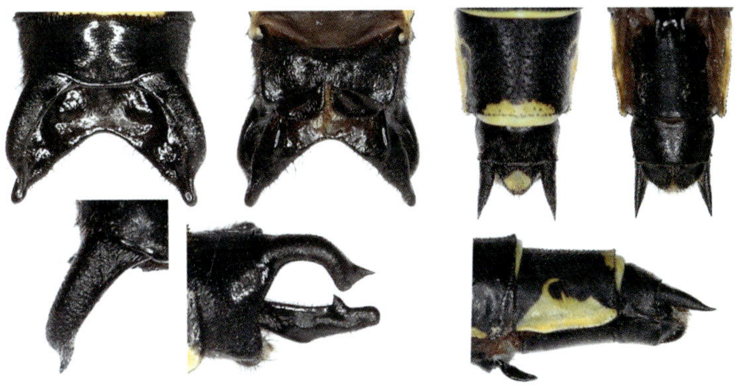

• 성충 몸길이 Adult body length [mm]

	whole body	head & thorax	abdomen & app.	forewing / hindwing
♂	53~54	17.5~18	35.5~36	32 / 30
♀	52~54	17.5~18	34.5~36	35~36 / 33~34

중부지방에 분포하고 서식지는 드물고 개체밀도는 낮다. 5월 중순에서 6월 중순까지 짝짓기한다. 평지의 하천 중류에 서식한다. 암놈은 나뭇가지에 앉아 배 끝에 알을 한껏 뭉친 후(Fig. ⑨) 한 번에 물에 풍덩 빠뜨리고 사라진다. 2~3년 1세대이고 유충으로 월동한다. 수놈은 제자리비행을 자주 한다.

[유충] 몸길이 30~32 mm. 등가시는 제8~9배마디에 있고, 옆가시는 제6~9배마디에 있다. 모래바닥에 서식한다.

• Distributed in middle region, habitats rare, & population density low; • Mating from mid May to mid Jun.; • Inhabiting mid-sized streams at flatland; • Ovipositing alone by agglomerating eggs (Fig. ⑨) & dropping a mass all at once on water; • 1 generation in 2~3 years & overwintering as larvae; • Males frequently hovering

⑤

[Larva] • Body length 30~32 mm; • Dorsal spines on S8 to S9 & lateral spines on S6 to S9; • Inhabiting sandy sediment

① ♂. 2012-5-25. 경기 연천 ② ♀. 2011-6-3. 경기 연천 ③ ④ ♂♀
⑤ 유충. 2015-10-19. 경기 연천 ⑥ ♂ 우화. 2018-4-1 ⑦ 분포
⑧ ♂. 2012-5-28. 경기 연천 ⑨ ♀. 산란 알 뭉치기. 2015-5-23. 경기 연천

⑥

⑦
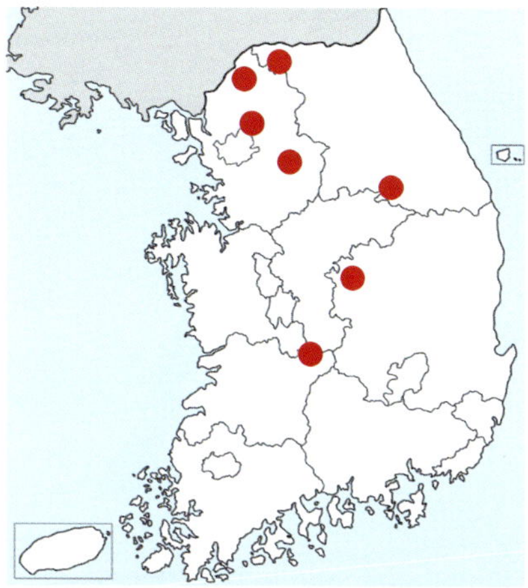

49. 어리장수잠자리

Sieboldius albardae Selys, 1886

①

②

③

④

• 성충 몸길이 Adult body length [mm]

	whole body	head & thorax	abdomen & app.	forewing / hindwing
♂	78~86	21~23	58~64	46~50 / 45~49
♀	79~81	22~23	53~58	51~52 / 50~51

전국에 분포하고 서식지는 흔하고 개체밀도는 보통이다. 6월말에서 8월 중순까지 짝짓기한다. 평지와 산간의 바위가 있는 계곡에 서식한다. 암놈의 산란은, 원을 그리며(Fig. ⑨), 직선 고속비행하며, 또는 제자리비행하며 이루어진다. 2~3년 1세대이고 유충으로 월동한다. 영역지배욕이 매우 강하고, 지나가는 모든 것을 공격하고 잡아먹는다. 계곡에서 개미허리왕 암놈 사냥에 성공한 것을 목격한 바 있다. 때때로 냇가 주변의 저수지까지 진출하곤 하는데, 왕잠자리를 공격하였으나 붙잡는데 실패하는 것도 두 번 목격하였다.

[유충] 몸길이 34~35 mm. 등가시는 제2~6배마디에 있고, 옆가시는 제2~8배마디에 있다. 모래바닥에 서식한다.

• Distributed nationwide, habitats common, & population density medium; • Mating from late Jun. to mid Aug.; • Inhabiting rocky small streams at flatland & mountains; • Ovipositing alone, by flying a

⑤

circle (Fig. ⑨), or by fast-flying straight, or by hovering; • 1 generation in 2~3 years & overwintering as larvae; • Males extremely territorial, attacking all flying objects, usually hunting calopterygid. I observed the species successfully hunted ***Boyeria maclachlani*** female. Sometimes the species advances to nearby ponds. I observed twice the species attacked but failed to grab ***Anax parthenope*** male.

[Larva] • Body length 34~35 mm; • Dorsal spines on S2 to S6 & lateral spines on S2 to S8; • Inhabiting sandy sediment

① ♂. 2012-6-22. 충북 괴산 ② ♀. 2013-7-29. 충북 괴산 ③ ④ ♂♀
⑤ 유충. 2016-4-20. 충북 괴산 ⑥ ♂ 우화. 2015-6-13 ⑦ 분포
⑧ ♂. 2009-8-3. 충북 괴산 ⑨ ♀. 산란. 2009-8-10. 충북 괴산

⑥

⑦
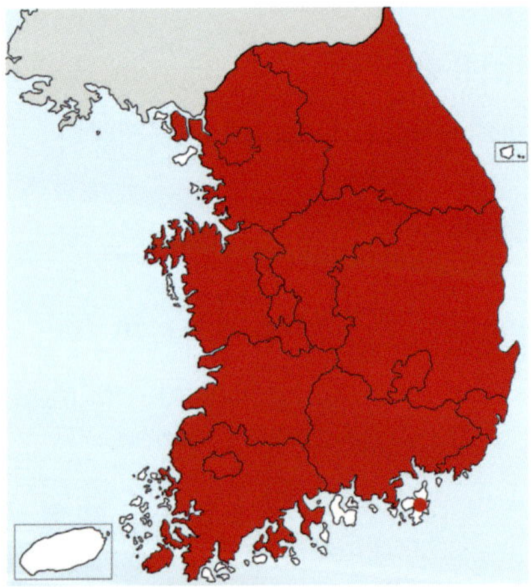

⑧

⑨

50. 부채장수잠자리

Sinictinogomphus clavatus (Fabricius, 1775)

• 성충 몸길이 Adult body length [mm]

	whole body	head & thorax	abdomen & app.	forewing / hindwing
♂	74~77	21.5~22	52.5~55	42~44 / 41~43
♀	72~73	21.5~22	50.5~51	45~46 / 44~45

전국에 분포하고 서식지는 흔하지 않고 개체밀도는 낮다. 6월말에서 8월 중순까지 짝짓기한다. 평지의 규모가 큰 저수지에 주로 서식한다. 암놈 산란은 배 끝에서 점액질 실에 알을 드문드문 붙여 내보내 수면 위 수초나 나뭇가지에 얼기설기 엮는 방식으로 한다(Figs. ⑩ ~⑫). 가끔 수놈이 옆에서 경호하기도 한다. 2년 1세대이고 유충으로 월동한다. 큰 저수지에서 영역 비행할 때는 매우 특이한 비행습성이 있는데, 보통 무릎 높이로 물가를 따라 돌다가, 갑자기 수면 바로 위까지 하강하여 수면을 스치듯 빠른 속도로 저수지나 호수를 쭉 가로지르기도 하는데, 부채장수의 super model 급 포스에 한 몫을 더한다.

[유충] 몸길이 39~42 mm. 등가시는 제1~9배마디에 있고, 옆가시는 제3~9배마디에 있다(제6배마디까지는 아주 작다). 초기 우화모드인 종령은 경남의 한 소류지에서 가슴 깊이에서 겨우 한 마리 채집되었다. 얕은 곳에서 공기호흡 연습은 안 하는 것으로 판단된다. 경기의 한 소류지에서 물을 거의 뺀 시점에 전전아종령 3마

⑤

리와 아종령 1마리를 채집하여 어항 사육을 시도하였으나(Fig. ⑥), 아무 것도 먹지 않고 버티다가 결국 두 달 만에 모두 굶어죽었다. 수심 깊은 곳에 산다고 알려져 있는데, 큰 수압을 견디고 살던 유충이 갑자기 어항의 낮아진 수압에서는 안정을 못하고 hyper 상태에서 나가려고만 힘쓰고 먹겠다는 본능이 발현되지 않는 것으로 보인다. 유충의 이러한 까다로운 성격 때문에 다수 개체가 서식하는 장소는 희박해 보인다.

• Distributed nationwide, habitats uncommon, & population density low; • Mating from late Jun. to mid Aug.; • Inhabiting large ponds at lowland; • Ovipositing alone by squeezing out a mucous thread with eggs on it, occasionally with male escorting (Figs. ⑩~⑫); • 1 generation in 2 years & overwintering as larvae; • In large ponds, males often enjoying fast-flying through right above water surface

[Larva] • Body length 39~42 mm; • Dorsal spines on S1 to S9 & lateral spines on S3 to S9 (very tiny on S3 to S6); • Inhabiting muddy substrates; • Known to stay in deep water. A final instar larva in its early emerging mode was collected in ca. 1.3 m deep water. The species seems not to practice air breathing in shallow water. When a pond was almost drained, I collected three F-3 instar & one F-1 instar larvae (Fig. ⑥), all of which starved to death in two months. Larvae that were living in deep water under high water pressure could not adapt to low water pressure in fish tank, never stabilizing, hunting nothing.

① ♂. 2013-6-26. 경기 파주 ② ♀. 2013-6-29. 경기 파주 ③ ④ ♂♀
⑤ 유충. 초기 우화모드. 2017-5-25. 경남 산청. **a** - 아종령 ⑥ 전전아종령, 아종령
⑦ 분포 ⑧ ♂. 2011-7-5. 경기 파주 ⑨ ♂. 2013-6-28. 경기 파주
⑩ ⑪ ♂♀. ♀. 산란과 수놈의 경호비행. 2011-7-5. 경기 파주
⑫ ♀. 산란. 2013-6-29. 경기 파주 ⑬ ♂♀. 교미. 2015-7-25. 경남 산청

⑥

⑦

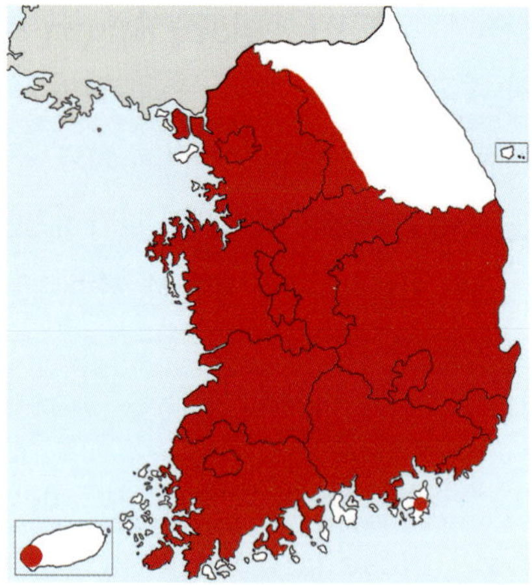

⑧

⑨

⑩

⑪

51. 호리측범잠자리

Stylurus annulatus (Djakonov, 1926)

①

②

③

④

• 성충 몸길이 Adult body length [mm]

	whole body	head & thorax	abdomen & app.	forewing / hindwing
♂	55~59	16.5~17	38.5~42	33~35 / 31~33
♀	57~59	16.5~17	40.5~42	35~36 / 33~34

전국에 분포하고 서식지는 흔하고 개체밀도는 보통 수준이다. 6월말에서 8월말까지 짝짓기한다. 강과 넓은 하천이 주서식지이다. 암놈은 빠르게 수면 위를 스치며 배 끝을 물에 담그며 단독 산란한다. 2년 1세대이고 유충으로 월동한다. 수놈은 자주 제자리비행을 한다. 우화기간이 긴 편이어서 하천 주위의 풀숲에서 10월초까지 성충 먹이활동이 관찰된다. 한국의 호리측범 옆가슴 무늬는 대체로 Fig. ⑧ 위 개체를 하고 있는데, 경남 거제의 경우 하루 동안 채집한 수놈 13마리 중 3마리는 아래 개체처럼 일본의 호리측범 무늬를 하고 있었다. 두 타입 모두 상부속기 바깥쪽 부분의 돌출이 작아 일정하였다. 일본 호리측범은 돌출 부분이 크다. 일본 개체와 한국 개체는 nuclear DNA 검사 결과 100% 일치하는 한 종이다.

[유충] 몸길이 33~34 mm. 등가시는 제9배마디에 작은 돌기 형태로 있고, 옆가시는 제6~9배마디에 있다. 모래바닥에 서식한다.

⑤

• Distributed nationwide, habitats common, & population density medium; • Mating from late Jun. to late Aug.; • Inhabiting rivers with sand-bottom; • Ovipositing alone by flying through, touching the tip of abdomen on water; • 1 generation in 2 years & overwintering as larvae; • Males frequently hovering; • Emergence period long, observable in nearby forest until early Oct.; • Two types of maculation patterns on pterothorax: Top one in Fig. ⑧ is a typical male in Korea, black stripe along the mesepimeron short, reaching slightly above the spiracle. Bottom one is a Japanese type with black stripe along the mesepimeron thick, not truncated. Three out of 13 males collected at Geoje were Japanese types. Both types' cercus consistent – obtuse lateral protrusion of cercus (Fig. ④), compared to prominent protrusion in Japanese population. Based on nuclear DNA analysis, Korean species is the same species as Japanese ***S. annulatus***.

[Larva] • Body length 33~34 mm; • Dorsal spine on S9 (very tiny) & lateral spines on S6 to S9; • Inhabiting sandy sediment

① ♂. 2012-6-28. 경기 연천 ② ♀. 2012-6-28. 경기 연천 ③ ④ ♂♀
⑤ 유충. 2015-12-6. 경기 연천 ⑥ ♀ 우화. 2018-6-18 ⑦ 분포
⑧ 옆가슴 무늬 2 종류 ⑨ ♂. 2015-6-19. 경기 연천 ⑩ ♀. 2013-7-19. 경기 양평

⑥

⑦
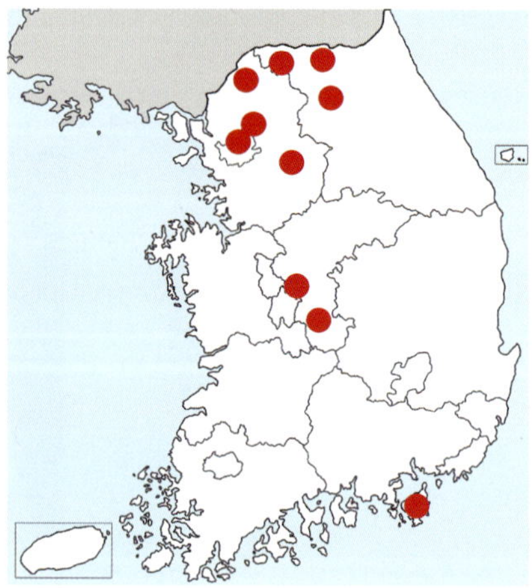

⑧

⑨

⑩
© Changwon (Kevin) Seo

52. 가시측범잠자리

Trigomphus citimus (Needham, 1931)

③

④

• 성충 몸길이 Adult body length [mm]

	whole body	head & thorax	abdomen & app.	forewing / hindwing
♂	44~46	12~13	32~33	27~28 / 26~27
♀	41~45	11.5~13	29.5~32	27~29 / 26~28

전국에 분포하고 서식지는 흔하고 개체밀도는 보통이다. 5월에서 6월 중순까지 짝짓기한다. 평지와 산지의 연못과 하천에 서식한다. 암놈은 물가에 단독 산란한다. 2년 1세대이고 유충으로 월동한다. 사람에 대한 경계심이 적어 가끔 사람에게 앉기도 한다.

[유충] 몸길이 23~24 mm. 등가시는 제4~9배마디에 있고, 옆가시는 제6~9배마디에 있다. 모래나 진흙바닥에 서식한다.

• Distributed nationwide, habitats common, & population density medium; • Mating from May to mid Jun.; • Inhabiting ponds & streams at lowland & mountains; • Ovipositing alone on water; • 1 generation in 2 years & overwintering as larvae; • Not wary, even perching on motionless humans

⑤

[Larva] • Body length 23~24 mm; • Dorsal spines on S4 to S9 & lateral spines on S6 to S9; • Inhabiting sandy or muddy substrates

① ♂. 2012-5-9. 충북 진천 ② ♀. 2012-5-9. 충북 진천 ③ ④ ♂♀
⑤ 유충. 2015-11-23. 경기 성남 ⑥ ♂ 우화. 2018-3-23 ⑦ 분포
⑧ ♂. 2012-5-9. 충북 진천 ⑨ ♂♀. 교미. 2012-5-9. 충북 진천

⑥

⑦
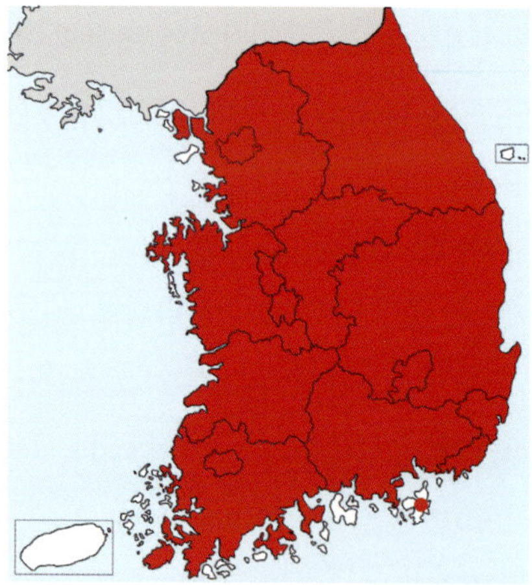

⑧

⑨

53. 검정측범잠자리

Trigomphus nigripes (Selys, 1887)

③

④

• 성충 몸길이 Adult body length [mm]

	whole body	head & thorax	abdomen & app.	forewing / hindwing
♂	46~48	12.5~13	33.5~35	26~27 / 25~26
♀	44~46	13~13.5	31~32.5	29 / 28

중부지방에서는 서식지가 드물고 개체수도 적은 반면, 남부지방에는 서식지가 많고 개체수가 적지 않다. 5월 중순에서 6월 중순까지 짝짓기한다. 평지와 낮은 산지의 연못에 서식한다. 암놈은 물가에 단독 산란한다. 2년 1세대이고 유충으로 월동한다.

[유충] 몸길이 24~25 mm. 등가시는 없고, 옆가시는 제7~9배마디에 있다. 진흙 바닥에 서식한다.

• Habitats uncommon & population density low in middle region, whereas common & medium in southern region; • Mating from mid May to mid Jun.; • Inhabiting ponds at flatland & low mountains; • Ovipositing alone on water; • 1 generation in 2 years & overwintering as larvae

⑤

[Larva] • Body length 24~25 mm; • Dorsal spine absent & lateral spines on S7 to S9; • Inhabiting muddy substrates

① ♂. 2012-5-15. 경기 성남 ② ♀. 2012-5-18. 경기 성남 ③ ④ ♂♀
⑤ 유충. 2018-3-12. 경기 용인. **a** – ♂ 우화. 2018-3-25 ⑥ ♀ 우화. 2018-3-27
⑦ 분포 ⑧ ♂. 2012-5-18. 경기 성남 ⑨ ♀. 2013-5-13. 경기 성남

⑥

⑦
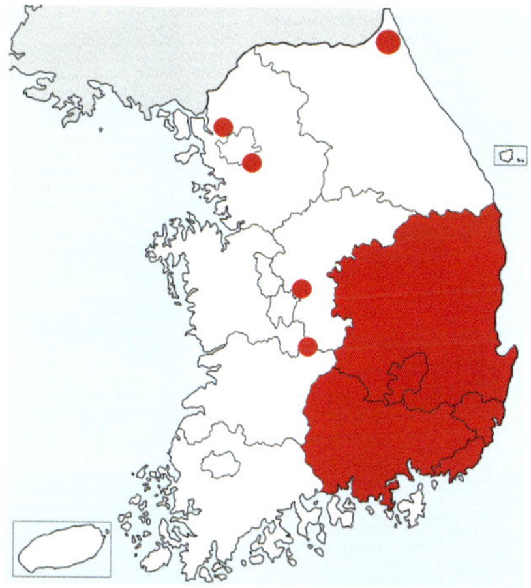

⑧

⑨

측범잠자리과 구분

Distinction in Family Gomphidae

a – 노란배측범; b –산측범

a – *A. coreanus*; b – *A. melanopsoides*

a

b

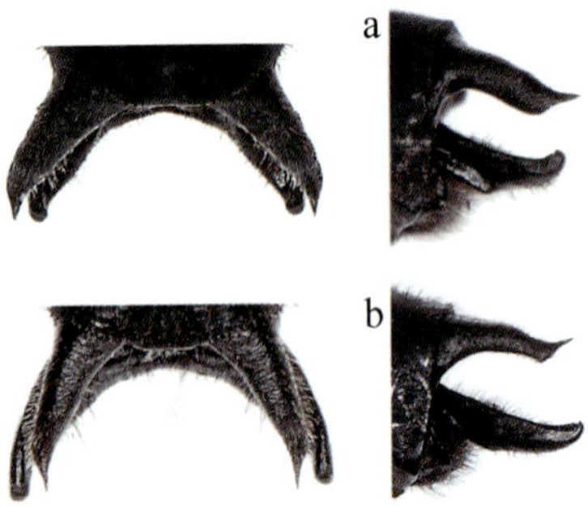

[성충] 부속기 윗면, 옆면: a – Cerci가 넓다; b – Epiproct가 넓다

[Adult] Cercus & epiproct in dorsal & lateral view: a – Cerci wider; b – Epiproct wider

a b

[유충] 옆가시, 미각: a – 옆가시 3쌍, 미각 검은색; b – 옆가시 4쌍 (크다)

[Larva] Lateral spines, cercus: a – 3 pairs of lateral spines & cerci black; b – 4 pairs of lateral spines, which bigger

a – 노란측범; b – 측범; c – 고려측범

a – *Lamelligomphus ringens*; b – *Ophiogomphus obscurus*; c – *Nihonogomphus ruptus*

a b c

[유충] 더듬이

[Larva] Antenna on head

a – 가시측범; b –검정측범

a – *T. citimus*; b – *T. nigripes*

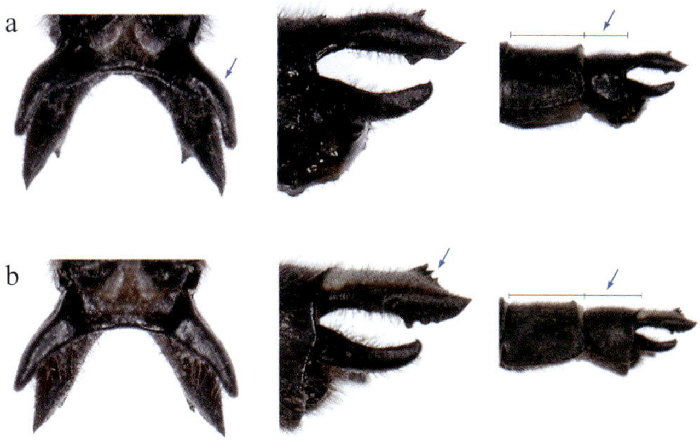

[성충] 부속기 밑면, 옆면, 제9,10배마디 길이: **a** – 밑면에서 볼 때 하부속기가 좀 더 굴절되어있고; **b** – 옆면에서 볼 때 상부속기 윗면 돌기가 3개 있고, 제9배마디 대비한 제10배마디의 비율이 더 높다.

[Adult] Cercus & epiproct in ventral & lateral view, length of S9 vs. S10: **a** – Epiproct curved more in ventral view; **b** – Three carinae on the cercus in lateral view & ratio of S10 over S9 higher

장수잠자리과

Family Cordulegastridae Calvert, 1893

장수잠자리과에는 전세계적으로 3속 51종의 잠자리가 있으며, 한국에는 1속 1종만이 유수성(流水性) 환경에 서식하고 있다. 암놈의 산란판은 나사못꼬리(spiketail)의 형태이다.

소 개

54. 장수잠자리 *Anotogaster sieboldii* (Selys, 1854)

54. 장수잠자리

Anotogaster sieboldii (Selys, 1854)

③

④

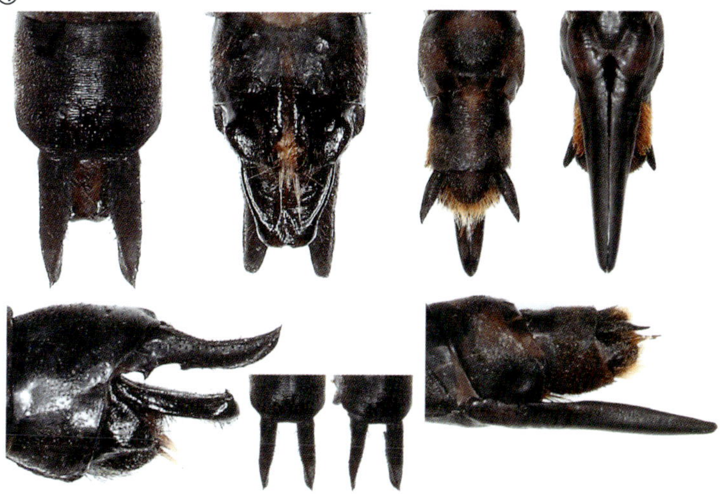

• 성충 몸길이 Adult body length [mm]

	whole body	head & thorax	abdomen & app.	forewing / hindwing
♂	87~93	22~23.5	65~69.5	51~52 / 50~51
♀	95~101	25	70~76	58~60 / 57~59

전국적으로 분포하고 서식지는 흔하지 않으며 개체밀도는 낮은 편이다. 7월말에서 8월말까지 짝짓기한다. 산에 인접한 수풀이 무성한 작은 개울에 서식한다. 암놈은 얕은 개울바닥에 수직에 가깝게 반복 하강비행하며 산란한다. 유충 기간은 2~4년 정도이고 유충으로 월동한다. 유충과 성충 모두 암놈이 수놈보다 크다.

[유충] 몸길이 ♂ 45~48 mm, ♀ 48~52 mm. 등가시는 없고, 옆가시는 제 8~9배마디에 있고 매우 작다. 진흙이나 모래바닥에 서식한다.

• Distributed nationwide, habitats uncommon, & population density low; • Mating from late Jul. to late Aug.; • Inhabiting small streams with bushes at lowlands & mountains; • Ovipositing vertically on mud/ sand in shallow water by repetitively stabbing with its spiketail; • 1 generation in 2~4 years & overwintering as larvae; • Females larger

⑤

a

than males for both larvae & adults

[Larva] • Body length ♂ 45~48 mm, ♀ 48~52 mm; • Dorsal spine absent & very small lateral spines on S8 to S9; • Inhabiting muddy or sandy sediment

① ♂. 2006-8-13. 경기 남양주 ② ♀. 2006-8-18. 경기 남양주 ③ ④ ♂♀
⑤ 유충. 2016-4-26. 충북 괴산. a - ♂ 우화. 2018-4-26 ⑥ ♀ 우화. 2018-6-19
⑦ 분포 ⑧ ♂. 2008-8-5. 경남 거제 ⑨ ♀. 산란. 2011-8-18. 충북 괴산

⑥

⑦
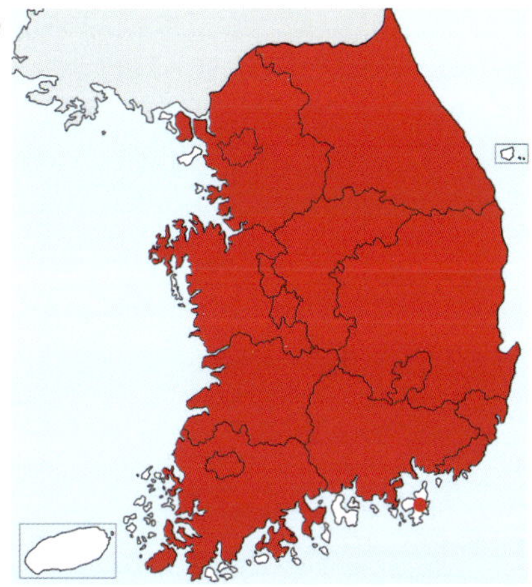

잔산잠자리과

Family Macromiidae Needham, 1903

잔산잠자리과에는 전세계적으로 4속 124종의 잠자리가 있으며, 한국에는 2속 4종이 서식하고 있다.

소 개

55. 산잠자리 *Epophthalmia elegans* Brauer, 1865.
56. 잔산잠자리 *Macromia amphigena* Selys, 1871
57. 노란잔산잠자리 *Macromia daimoji* Okumura, 1949
58. 만주잔산잠자리 *Macromia manchurica* Asahina, 1964

55. 산잠자리

Epophthalmia elegans Brauer, 1865

③

④

• 성충 몸길이 Adult body length [mm]

	whole body	head & thorax	abdomen & app.	forewing / hindwing
♂	78~80	23	55~57	48~50 / 47~49
♀	78~83	23~24	55~59	49~53 / 48~52

전국적으로 분포하고 서식지는 흔하고 개체밀도는 보통 수준이다. 6월말에서 8월초까지 짝짓기한다. 평지의 저수지와 연못에 서식한다. 암놈 단독으로 수면에 산란한다. 유충 기간은 2~3년이고 유충으로 월동한다.

[유충] 몸길이 34~36 mm. 등가시는 제3~9배마디에 있고, 옆가시는 제8~9배마디에 있다. 진흙바닥에 서식한다.

• Distributed nationwide, habitats common, & population density medium; • Mating from late Jun. to early Aug.; • Inhabiting ponds at lowlands; • Ovipositing alone on water surface; • 1 generation in 2~3 years & overwintering as larvae

[Larva] Body length 34~36 mm; • Dorsal spines on S3 to S9 & lateral spines on S8 to S9; Inhabiting muddy substrates

⑤

① ♂. 2006-8-8. 경기 남양주 ② ♀. 2006-8-15. 경기 남양주 ③ ④ ♂♀
⑤ 유충. 2015-11-6. 충북 진천 ⑥ ♂ 우화. 2016-2-1 ⑦ 분포
⑧ ♂. 2016-7-7. 제주 북제주 ⑨ ♀. 2016-6-26. 제주 북제주

⑥

⑦

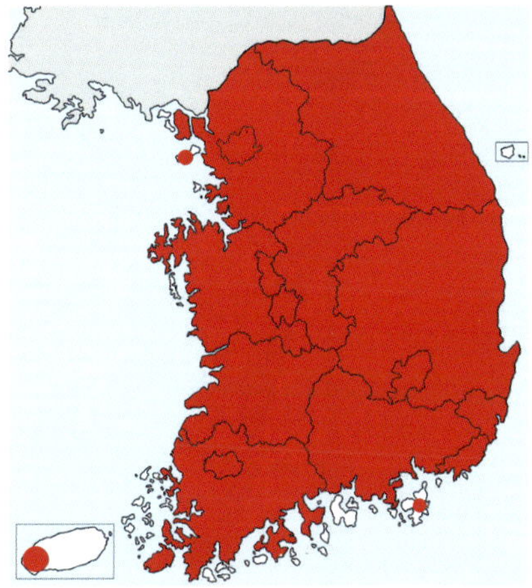

⑧

⑨

56. 잔산잠자리

Macromia amphigena Selys, 1871

①

②

③

④

• 성충 몸길이 Adult body length [mm]

	whole body	head & thorax	abdomen & app.	forewing / hindwing
♂	70~72	20~21	50~51	42~44 / 41~43
♀	72~77	22	50~55	47~50 / 46~49

전국적으로 분포하고 서식지는 흔하고 개체밀도는 약간 낮다. 6월이 주 짝짓기 시즌이고 7월까지 산란한다. 계곡과 하천 상류에 서식한다. 이른 아침과 저녁에 계곡의 유속이 느린 좁은 영역에서 왕복비행 또는 원을 그리면서 산란한다. 넓은 하천중류에서 산란할 때도 수풀이 늘어져 있는 좁은 영역에 들어가 왕복과 정지비행을 하며 산란한다. 수놈 영역비행은 중간에 멈추거나 오던 길을 돌아가다 다시 오는 등 불규칙하게 한다. 유충 기간은 2~4년이고 유충으로 월동한다. 암놈이 수놈보다 크다.

[유충] 몸길이 28~30 mm. 등가시는 제2~9배마디에 있고, 옆가시는 제8~9배마디에 있다. 모래바닥에 서식한다.

• Distributed nationwide, habitats common, & population density rather low; • Mating from Jun. (main) to Jul.; • Inhabiting valley &

⑤

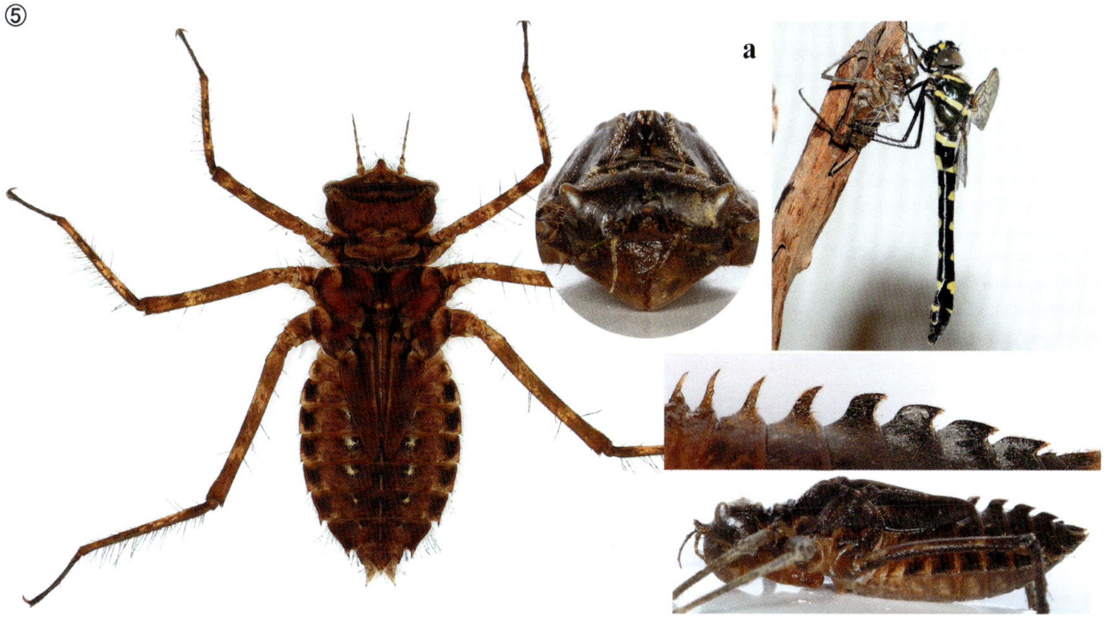

upper streams; • Ovipositing alone by touching the tips of abdomen to the water while flying back & force or flying in a small circle repetitively at early morning & evening; • Males territorial flying along the shoreline, commonly going back & force as well as holding back in short sections; • 1 generation in 2~4 years & overwintering as larvae; • Females larger than males

[Larva] • Body length 28~30 mm; • Dorsal spines on S2 to S9 & lateral spines on S8 to S9; • Inhabiting sandy sediment

① ♂. 2012-6-22. 경기 연천 ② ♀. 2012-6-2. 경기 연천 ③ ④ ♂♀
⑤ 유충. 2016-4-20. 충북 괴산. a - ♀ 우화. 2018-4-16 ⑥ ♂ 우화. 2015-5-8
⑦ 분포 ⑧ ♂. 2009-6-27. 충북 괴산 ⑨ ♀. 2010-8-9. 충북 괴산

⑥

⑦
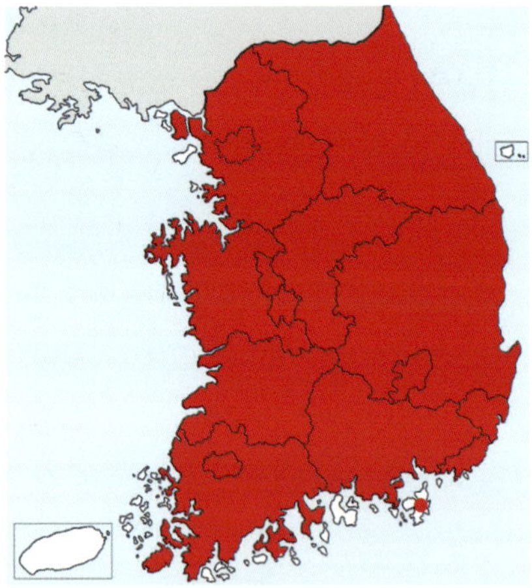

⑧

⑨

57. 노란잔산잠자리

Macromia daimoji Okumura, 1949

①

②

③

④

• 성충 몸길이 Adult body length [mm]

	whole body	head & thorax	abdomen & app.	forewing / hindwing
♂	70~71	20	50~51	43~46 / 42~45
♀	69~72	19.5~20	49.5~52	46~47 / 46

전국적으로 분포하고 서식지는 희소하고 개체밀도는 약간 낮다. 6월 중순에서 7월말까지 짝짓기한다. 모래가 깔린 하천 중하류에 서식한다. 산란은 물가를 따라 직선비행하거나 하천 중앙에서 큰 원을 그리며 이루어지기도 하는데, 패턴이 계속 바뀌며 넓은 영역을 돌아다닌다. 비행속도도 만주잔산 산란보다 빠르고 dynamic하게 이루어진다. 미성숙 수놈은 5월 중순에 물가 비행을 시작했다가 6월 중순경부터 한동안 사라졌다가 7월에 장마가 끝날 즈음 다시 나타난다. 유충 기간은 2~3년이고 유충으로 월동한다.

[유충] 몸길이 27~29 mm. 등가시는 제3~9배마디에 있고, 옆가시는 제8~9배마디에 있다. 모래바닥에 서식한다.

• Distributed nationwide, habitats rare, & population density rather low; • Mating from mid Jun. to late Jul.; • Inhabiting mid/down

⑤

streams with sandy bottom; ; • Ovipositing alone by touching the tips of abdomen to the water while flying, at superfast speed, straight along the shoreline or flying in a big circle across entire water surface at evening; • Immature males flying at waterside from mid May, disappearing ca. from mid Jun., & reappearing after monsoon; • 1 generation in 2~3 years & overwintering as larvae

[Larva] • Body length 27~29 mm; • Dorsal spines on S3 to S9 & lateral spines on S8 to S9; • Inhabiting sandy sediment

① ♂. 2012-7-29. 경기 연천 ② ♂. 2014-6-27. 경기 연천 ③ ④ ♂♀
⑤ 유충. 2016-4-14. 경기 연천. a - ♂ 우화. 2018-6-25 ⑥ ♀ 우화. 2013-5-25
⑦ 분포 ⑧ ♂. 2014-7-7. 경기 연천 ⑨ ♀. 2015-6-18. 경기 연천

⑥

⑦
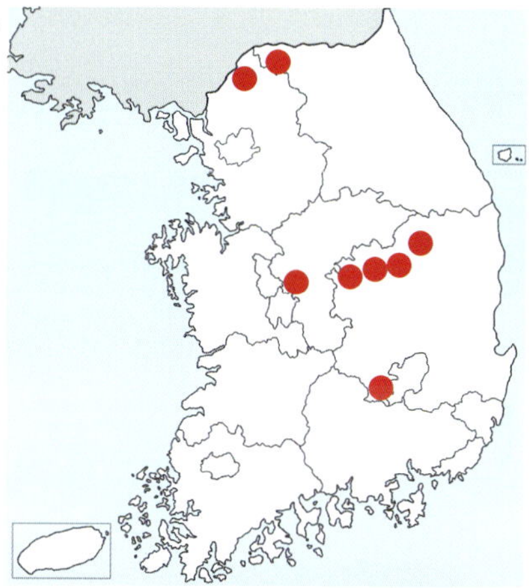

⑧

⑨

58. 만주잔산잠자리

Macromia manchurica Asahina, 1964

③

④

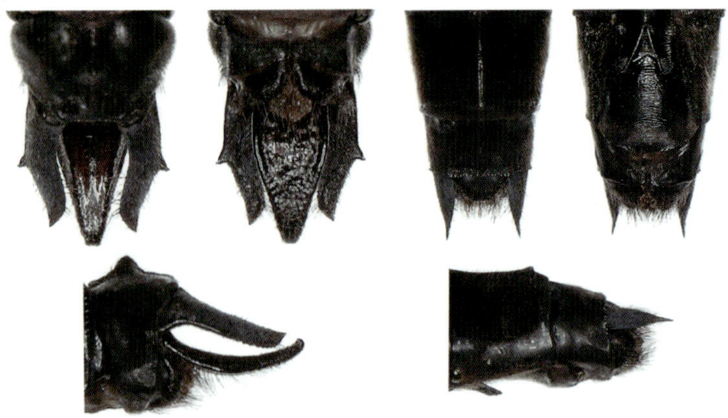

• 성충 몸길이 Adult body length [mm]

	whole body	head & thorax	abdomen & app.	forewing / hindwing
♂	71~75	20~21.5	51~53.5	41~45 / 40~44
♀	72~73	20~20.5	52~52.5	45~47 / 44~46

전국적으로 분포하고 서식지는 흔하고 개체밀도는 보통이다. 7월에서 8월까지 짝짓기한다. 하천 중하류에 서식한다. 암놈 산란은 물가를 따라 빠르게 지나가며 하고, 긴 하천의 한 쪽 가장자리를 따라 한 번 지나가면 끝나는 것이 보통이고, 중간에 하천을 가로질러 반대편 물가를 따라 사라지기도 한다. 유충 기간은 2~3년이고 유충으로 월동한다.

[유충] 몸길이 26~27 mm. 등가시는 제2~10배마디에 있고, 옆가시는 제8~9배마디에 있다. 모래바닥에 서식한다.

• Distributed nationwide, habitats common, & population density medium; • Mating from Jul. to Aug.; • Inhabiting mid/down-streams; • Ovipositing alone, at high speed, by touching the tips of abdomen to the water along the shoreline at early morning & evening; • 1

⑤

generation in 2~3 years & overwintering as larvae

[Larva] • Body length 26~27 mm; • Dorsal spines on S2 to S10 & lateral spines on S8 to S9; • Inhabiting sandy sediment

① ♂. 2010-8-8. 경기 양주 ② ♀. 2010-8-17. 경기 양주 ③ ④ ♂♀
⑤ 유충. 2017-5-22. 경기 용인 ⑥ ♀ 우화. 2017-6-19 ⑦ 분포
⑧ ♂. 2013-7-25. 경남 거제 ⑨ ♀. 2010-8-17. 경기 양주

⑥

⑦

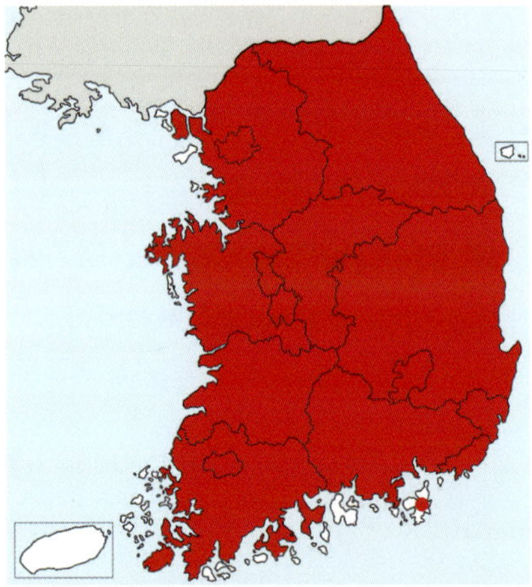

⑧

⑨

잔산잠자리속 구분

Distinction in Genus *Macromia*

a – 잔산; b – 만주잔산; c – 노란잔산

a – *M. amphigena*; b – *M. manchurica*; c – *M. daimoji*

a b c

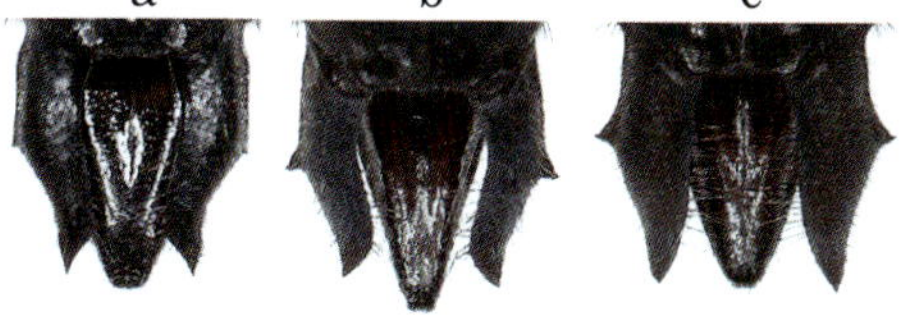

[성충] 부속기 윗면

[Adult] Cercus & epiproct in dorsal view

a b c

[성충] 암놈 배 옆면: 만주잔산은 노란 무늬가 고리형태로 이어져있고, 잔산과 노란잔산은 고리가 끊겨 있으며, 노란잔산은 제3배마디에 노란 삼각형모양이 있다.

[Adult] Female abdomen in lateral view: Yellow annular pattern for b, whereas annular disconnected for a & c; Yellow triangular on S3 for c

a b c

[유충] 등가시 옆면

[Larva] Dorsal spines in lateral view

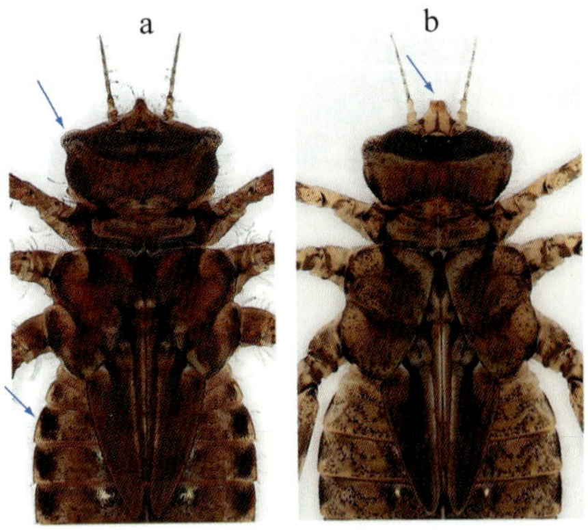

[유충] 윗면: a – 만주잔산에 대비해, 몸 대비 머리 비율이 크고, 겹눈이 돌출되어 있고, 머리 위 뿔이 작고 가늘며, 배 양쪽 검은 무늬가 크다.; b – 대체로 밝은 황토색을 띄고 있다.

[Larva] Dorsal view: a – Compared to b, head bigger relative to remaining body, compound eyes prominent, horn-like structure smaller, & abdominal margin black; b – Body colour usually light brown

#	청동잠자리과

Family Corduliidae Selys, 1850

청동잠자리과에는 전세계적으로 22속 165종의 잠자리가 있으며, 한국에는 2속 5종이 서식한다. 언저리잠자리속에 1종, 북방잠자리속에 4종이 있다.

소 개

59. 언저리잠자리 *Epitheca marginata* (Selys, 1883)
60. 백두산북방잠자리 *Somatochlora clavata* Oguma, 1913
61. 참북방잠자리 *Somatochlora exuberata* Bartenev, 1910
62. 밑노란잠자리 *Somatochlora graeseri* (Selys, 1887)
63. 삼지연북방잠자리 *Somatochlora viridiaenea* (Uhler, 1858)

59. 언저리잠자리

Epitheca marginata (Selys, 1883)

①

②

③

④

• 성충 몸길이 Adult body length [mm]

	whole body	head & thorax	abdomen & app.	forewing / hindwing
♂	51~55	16~18	35~37	35~38 / 34~37
♀	52~55	15~17	37~38	36~38 / 35~37

전국적으로 분포하고 서식지는 흔하고 개체밀도는 보통이다. 5월에서 6월초까지 짝짓기한다. 평지 연못에 서식한다. 암놈은 배 끝에 알을 크게 뭉쳐 한 번에 물에 떨어뜨리는 산란을 한다. 유충기간은 1년이고 유충으로 월동한다.

[유충] 몸길이 23~24 mm. 등가시는 제2~9배마디에 있고, 옆가시는 제8~9배마디에 있다. 진흙바닥에 서식한다.

• Distributed nationwide, habitats common, & population density medium; • Mating from May to early Jun.; • Inhabiting ponds at lowlands; • Ovipositing alone by dropping a mass of eggs all at once; • 1 generation in a year & overwintering as larvae

[Larva] • Body length 23~24 mm; • Dorsal spines on S2 to S9 & lateral spines on S8 to S9; • Inhabiting muddy substrates; • Fig. ⑤a.

⑤

F-1 instar

① ♂. 2007-5-15. 경기 광명 ② ♀. 2009-5-8. 경기 광명 ③ ④ ♂♀
⑤ 유충. 2015-9-28. 충북 진천. a - 아종령 ⑥ ♀ 우화. 2016-4-13 ⑦ 분포
⑧ ♀. 2012-5-5. 경기 광명 ⑨ ♂♀. 교미. 2012-5-5. 경기 광명

⑥

⑦

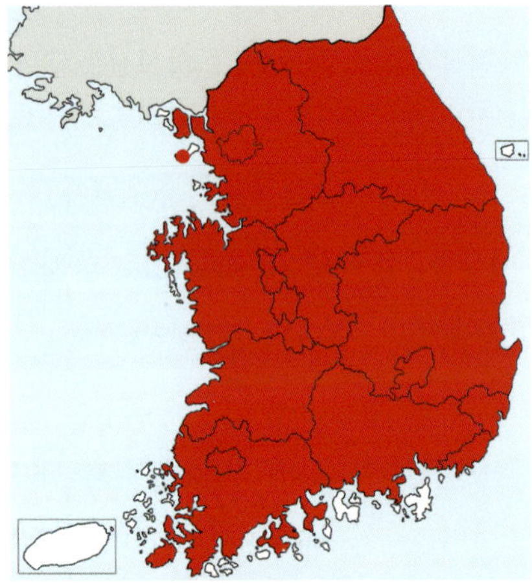

60. 백두산북방잠자리

Somatochlora clavata Oguma, 1913

• 성충 몸길이 Adult body length [mm]

	whole body	head & thorax	abdomen & app.	forewing / hindwing
♂	56~61	17~18	39~43	37~41 / 36~40
♀	56~62	16.5~18	39.5~44	38~42 / 37~41

전국적으로 분포하고 서식지는 흔하지 않고 개체밀도는 약간 낮다. 7월 중순에서 9월초까지 짝짓기한다. 평지와 산지의 햇볕이 드는 하천에 서식한다. 암놈은 부유물이 있는 수면이나 이끼 낀 바위에 산란한다. 유충기간은 2~3년이고 유충으로 월동한다. 수놈 우화 개체는 옆가슴에 노란 두 줄이 있는데(Fig. ⑥ 왼쪽), 성숙하

③

④

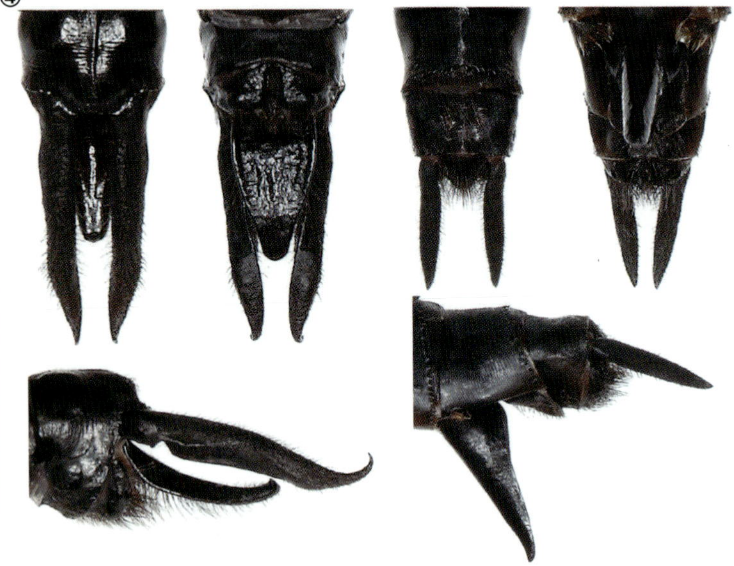

며 사라진다.

[유충] 몸길이 23~25 mm. 등가시는 제3~9배마디에 있고, 옆가시는 제8~9배마디에 있다. 낮에는 바위아래에 붙어있고, 밤이 되면 바닥으로 내려와 사냥한다. 40개체 이상을 조사한 바에 의하면, 등가시는 직선에 가깝고 솟아 있는데, 대략 20% 정도의 개체는 약간 가늘다(Fig. ⑤a 아래 개체). 옆가시는, 참북방 유충과 마찬가지로, 직선이거나 끝이 안쪽으로 휘어져 있다. 공기호흡 연습기간이 긴 편이고 몇 개체는 아예 물 밖에서 일주일을 보낸 후 우화하기도 하였다.

• Distributed nationwide, habitats uncommon, & population density low; • Mating from mid Jul. to early Sep.; • Inhabiting sunny streams at lowlands & mountains; • Ovipositing alone on floating plants & mossy rocks; • 1 generation in 2~3 years & overwintering as larvae; • Male teneral: yellow stripes on pterothorax (Fig. ⑥ left) disappearing upon maturity

[Larva] • Body length 23~25 mm; • Dorsal spines on S3 to S9 & lateral spines on S8 to S9; • Clinging to rocks at daytime & searching

⑤

for prey on ground at nighttime; • Based on investigating more than 40 larvae, dorsal spines upright with almost straight edges; About 20% of individuals slender dorsal spines (bottom one in Fig. ⑤a); • Like *S. **exuberata***, tip of lateral spine curved inside or not.; • Air practicing period is long, several days; Some individuals stayed completely out of water for ca. a week & then emerged.

① ♂. 2012-7-20. 충북 청주 ② ♀. 2012-8-8. 충북 보은 ③ ④ ♂♀
⑤ 유충. 2017-4-19. 충북 보은. **a** – 등가시 편차
⑥ **a** – ♂ 우화. 2017-5-15; **b** – ♀ 우화. 2017-4-16 ⑦ 분포
⑧ ♂. 2016-7-29. 충북 보은 ⑨ ♀. 산란. 2016-9-4. 충북 보은

⑥

⑦

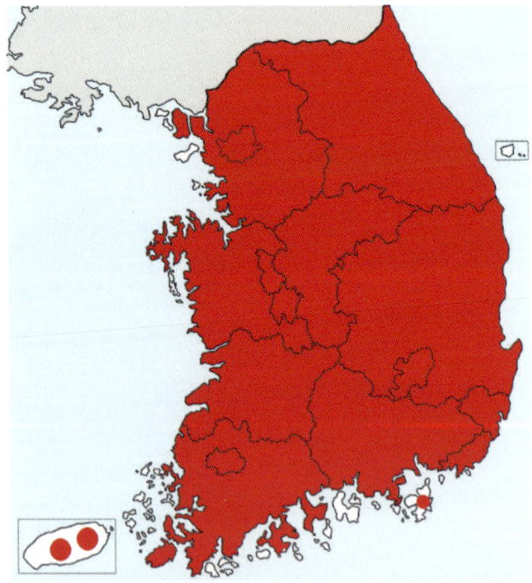

61. 참북방잠자리

Somatochlora exuberata Bartenev, 1910

- 성충 몸길이 Adult body length [mm]

	whole body	head & thorax	abdomen & app.	forewing / hindwing
♂	55~60	16.5~17.5	38.5~42.5	36~39 / 35~38
♀	58~61	17	41~44	38~39 / 37~38

중부지방에 분포하고 서식지는 드물고 개체밀도는 낮다. 6월말에서 8월 중순까지 짝짓기한다. 산간 수풀이 우거진 그늘진 계곡에 서식한다. 암놈은 얕은 수심의 모래에 배 끝을 45도 각도로 꽂으며 반복 산란하거나(Fig. ⑨), 수풀이 우거진 수면에 배 끝을 담그며 산란한다. 유충기간은 2~3년이고 유충으로 월동한다. 정지비행을 자주 한다.

③

④

[유충] 몸길이 22~24 mm. 등가시는 제3~9배마디에 있고, 옆가시는 제8~9배마디에 있다. 낮에는 바위아래에 붙어있고, 밤이 되면 바닥으로 내려와 사냥한다. 30개체 이상을 조사한 바에 의하면, 등가시는 휘어져 있고 미세한 개체 간 편차가 있으며(Fig. ⑤a), 옆가시는 직선이거나 끝이 안쪽으로 휘어져 있다(Fig. ⑤b). 공기

⑤

호흡 연습기간이 길어 일주일을 넘기기도 한다.

• Distributed in middle region, habitats rare, & population density low; • Mating from late Jun. to mid Aug.; • Inhabiting shady montane streams with bushes; • Ovipositing alone, ca. at a 45 degree angle, on sands in shallow water by repetitively stabbing with its spiketail (Fig. ⑨), or directly on deep water surface; • 1 generation in 2~3 years & overwintering as larvae; • Frequently hovering

[Larva] • Body length 22~24 mm; • Dorsal spines on S3 to S9 & lateral spines on S8 to S9; • Clinging to rocks at daytime & searching for prey on ground at nighttime; • Based on investigating more than 30 larvae, dorsal spines curved with a variation between individuals (Fig. ⑤a), lateral spines straight or tip curved inside (Fig. ⑤b); • Air practicing period is rather long, often over a week

① ♂. 2012-7-20. 충북 청주 ② ♀. 2013-7-13. 충북 청주 ③ ④ ♂♀
⑤ 유충. 2016-10-6. 경북 안동. **a** – 등가시 편차; **b** – 옆가시 편차
⑥ **a** – ♂ 우화. 2017-5-4; **b** – ♀ 우화. 2017-3-26 ⑦ 분포
⑧ ♂. 2017-8-19. 강원 홍천 ⑨ ♀. 산란. 2017-8-19. 강원 홍천

⑥

⑦

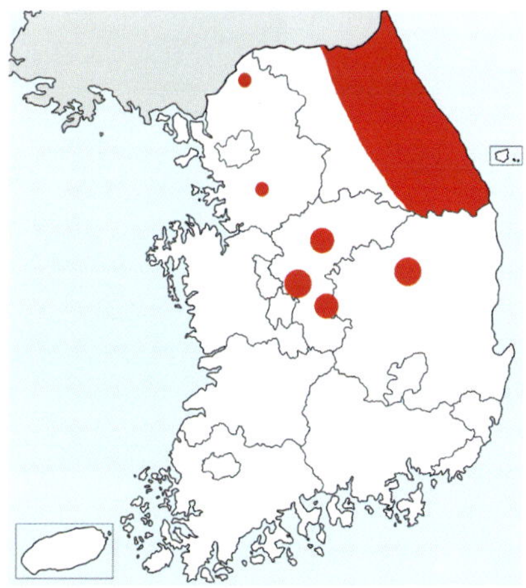

⑧

⑨

62. 밑노란잠자리

Somatochlora graeseri Selys, 1887

• 성충 몸길이 Adult body length [mm]

	whole body	head & thorax	abdomen & app.	forewing / hindwing
♂	53~55	16~17	37~38	35~36 / 34~35
♀	53~56	16~17	37~39	37~38 / 36~37

전국적으로 분포하고 서식지는 흔하고 개체밀도는 약간 낮다. 7월에서 8월 중순까지 짝짓기한다. 산지의 그늘진 웅덩이에 서식한다. 암놈 단독으로 제9~10배마디를 직각으로 위로 꺾어 배를 물에 적신 후 물주변의 흙에 알에 묻히는 형태로 반복 산란하거나 물에 직접 산란한다. 유충기간은 2~3년이고 유충으로 월동한다. 아종(*S. g. aureola*)은 제3배마디 윗면에 노란 삼각형 무늬가 있고, 원종(S. g.

③

④

graeseri)은 노란 줄무늬만 보이는데, 이는 배 옆면에서 볼 때 노란 무늬가 중간 지점까지만 올라와 있기 때문이다(Figs. ⑧⑨).

[유충] 몸길이 22~25 mm. 등가시는 제3~9배마디에 있는데 제3배마디 가시는 퇴화되어 매우 작다. 옆가시는 제8~9배마디에 있다. 진흙바닥에 서식한다. 50개체 이상을 조사한 결과, 제3배마디 등가시는 원종 모든 개체에 나타나고, 아종은 개체

⑤

에 따라 나타나기도 한다. 원종의 미각은 검은 부분과 밝은 부분이었다가 우화모드에 들어가면서 전체가 검게 변한다(Fig. ⑩). 아종의 미각은 우화모드에서도 two tone을 유지하고(Fig. ⑪a), 원종의 미각은 전체가 검게 변한다(Fig. ⑪b).

• Distributed nationwide, habitats common, & population density rather low; • Mating from Jul. to mid Aug.; • Inhabiting shady small ponds at mountains; • Ovipositing alone by applying eggs on the ground nearby or directly into water; • 1 generation in 2~3 years & overwintering as larvae; • In dorsal view, yellow triangular marking on abdominal S3 for ***S. g. aureola***, whereas yellow line for ***S. g. graeseri*** (Figs. ⑧⑨)

[Larva] • Body length 22~25 mm; • Dorsal spines S3 to S9 (degenerated on S3) & lateral spines on S8 to S9; • Inhabiting muddy substrates; • Based on investigating more than 50 larvae, degenerated dorsal spine on S3 appearing on all ***S. g. graeseri*** individuals, whereas only on some ***S. g. aureola*** individuals; • ***S. g. graeseri***: Cercus that was two-tone (dark & light) becomes all dark as entering into emerging mode (Fig. ⑩); • Even when emerging mode, cercus of ***S. g. aureola*** two-tone, dark & light (Fig. ⑪a), whereas that of ***S. g. graeseri***, all dark (Fig. ⑪b)

① *S. g. aureola*. ♂. 2012-7-13. 경기 용인 ② *S. g. aureola*. ♀. 2011-7-6. 경기 용인 ③ ④ ♂♀ ⑤ 유충. 2016-5-3. 충북 괴산 ⑥ ♂ 우화. 2019-6-4 ⑦ 분포 ⑧ *S. g. graeseri*. ♂. 2018-7-27. 강원 고성 ⑨ *S. g. graeseri*. ♀. 2011-7-6. 경기 용인 ⑩ Final instar & emerging mode. *S. g. graeseri*. 2016-5-3 & 2016-5-22 ⑪ Emerging mode. **a** – *S. g. aureola*; **b** – *S. g. graeseri*

⑥

⑦

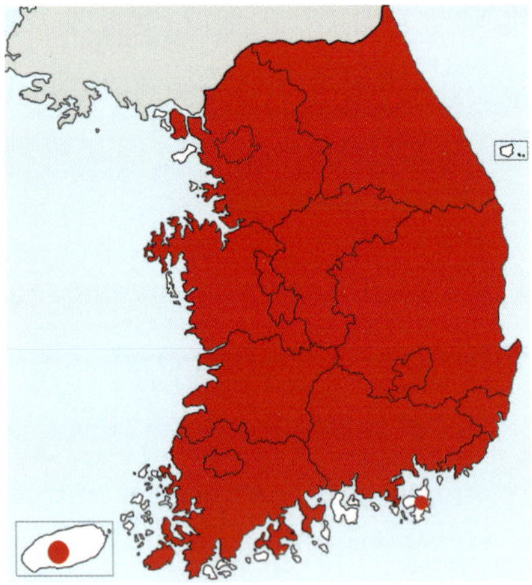

⑧

⑨

⑩

⑪ a b

63. 삼지연북방잠자리

Somatochlora viridiaenea (Uhler, 1858)

• 성충 몸길이 Adult body length [mm]

	whole body	head & thorax	abdomen & app.	forewing / hindwing
♂	55~58	16.5~17	38.5~41	36~38 / 35~37
♀	61~65	16.5~17	44.5~48	39~41 / 38~40

태백산맥 동쪽의 강원 북동부에만 분포하고 서식지는 희귀하며 개체밀도는 매우 낮다. 7월 중순에서 8월 중순까지 짝짓기한다. 부들이 가득한 습지에 서식한다. 암놈은 우거진 수풀 속으로 쑥 들어가 산란한다. 유충기간은 1~3년이고 유충으로 월동한다. 수놈은 짧은 정지비행을 자주 한다.

③

④

[유충] 몸길이 23~25 mm. 등가시는 제3~9배마디에 있고, 옆가시는 제8~9배마디에 있다. 진흙바닥에 서식한다. 북방잠자리속 유충 중 유일하게 다리가 짧다. 뒷다리 길이 18 mm. 습지에서 퍼올린 순간에는 북방속 유충이 아니라 배치레 유충이나 가시측범 유충처럼 느껴진다. 자연에서 채집한 5개체와 알을 받아 부화시킨 유충 25개체 이상을 사육시키고 조사한 바에 의하면, 등가시는 가늘고 길며 뒤

⑤

쪽으로 누워있는 형태이고 미세한 개체 간 편차가 있다(Fig. ⑤a). 전아종령이 되기 전 시기에는 흙을 파고 편평한 층을 만들어 그 층 아래에서 여러 개체가 서로 공격하지 않고 함께 생활한다.

• Distributed in northeastern area of middle region only (east of Baekdu Mountains), habitats scarce, & population density very low; • Mating from mid Jul. to mid Aug.; • Inhabiting bushy marshes; • Ovipositing alone deep inside bushes; • 1 generation in 1~3 years & overwintering as larvae; • Males short-hovering frequently

[Larva] • Body length 23~25 mm; • Dorsal spines on S3 to S9 & lateral spines on S8 to S9; • Inhabiting muddy substrates; • Legs shorter than other ***Somatochlora*** species larvae (hind leg: 18 mm), thus looking like ***Lyriothemis pachygastra*** larva or ***Trigomphus citimus*** larva rather than ***Somatochlora*** species larva at the moment of collection from marshes; • Based on investigating five larvae collected from nature & breeding ca. 25 larvae hatched from eggs received, dorsal spines slender & long, lying down backward, with a variation between individuals (Fig. ⑤a). Before F-2 instar, larvae dig up soils, forming a flat layer, & several individuals stay together under the layer, not attacking each other.

① ♂. 2012-7-25. 강원 고성 ② ♀. 2012-7-25. 강원 고성 ③ ④ ♂♀
⑤ 유충. 2017-4-24. 강원 고성. a - 등가시 편차 ⑥ ♀ 우화. 2017-4-15
⑦ 분포 ⑧ ♂. 2016-8-23. 강원 고성 ⑨ ♀. 2020-7-31. 강원 고성

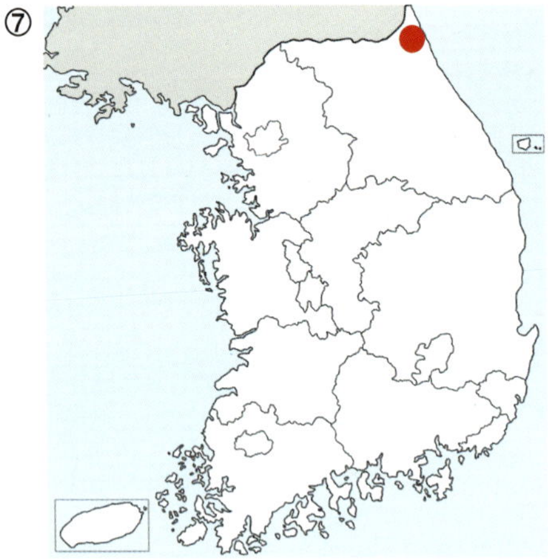

북방잠자리속 구분

Distinction in Genus *Somatochlora*

A – (밑노란, 일본의 *S. uchidai*); B – (백두산북방, 참북방, 삼지연북방)

A – (*S. graeseri*, Japanese *S. uchidai*); B – (*S. clavata*, *S. exuberata*, *S. viridiaenea*)

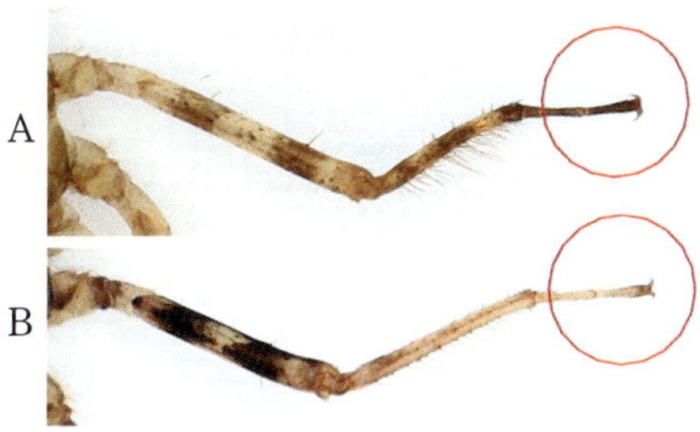

[유충] 다리 끝. A – 진하다; B – 밝다

[Larva] Tip of leg. A – dark; B – light

a – 백두산북방; b – 참북방; c – 삼지연북방; d – 밑노란

a – *S. clavata*; b – *S. exuberata*; c – *S. viridiaenea*; d – *S. graeseri*

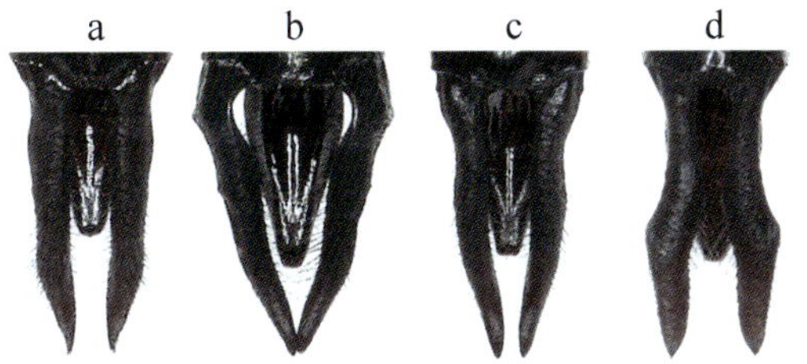

[성충] 부속기 윗면

[Adult] Cercus & epiproct in dorsal view

[유충] 종령. 머리 윗면과 앞면, 등가시 옆면: **a** – 앞면에서 볼 때 겹눈 양끝이 위로 솟아 있고, 등가시는 직선에 가깝고 위로 솟아 있다.; **b** – 앞면에서 볼 때 겹눈 윗라인이 수평을 이루고, 등가시는 구부러진 모양에 위로 솟아 있고 제3~5배마디 것도 길다.; **c** – 앞면에서 볼 때 얼굴 높이가 너비 대비 짧은 편이고, 즉, 머리가 납작하고, 등가시는 가늘고 길며 뒤쪽으로 누워있는 형태이다.

[Larva] Final instar larvae. Head in dorsal & anterior view, dorsal spines in lateral view: **a** – In anterior view, top line of compound eyes upturned; Dorsal spines almost straight & upright; **b** – In anterior view, top line of compound eyes horizontal; Dorsal spines curved & upright, spines long even on S3 to S5; **c** – In anterior view, height relative to width shorter, i.e., head flatter; Dorsal spines slender & long, lying down backward

[유충] 전아종령 옆면, 아종령 옆면, 아종령 앞면: 전아종령과 아종령에도 종령의 특징이 잘 나타나 있다.

[Larva] F–2 instar & F–1 instar in lateral view, F–1 instar in anterior view: Like final instar larvae above, characteristics of compound eyes & dorsal spines well seen in F–2 instar & F–1 instar larvae.

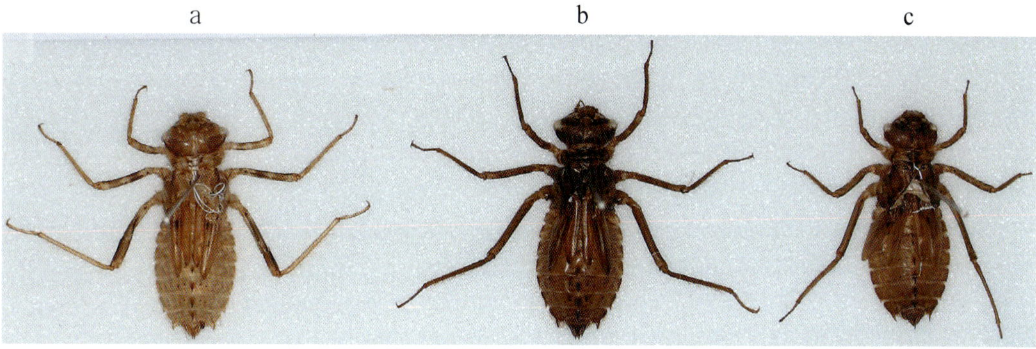

[유충] 우화각: 삼지연북방은 백두산북방, 참북방보다 세 다리가 모두 짧다. 뒷다리 길이: **a** – 21 mm, **b** – 21 mm, **c** – 18 mm

[Larva] Exuviae: All legs of *S. viridiaenea* shorter. Length of hind leg: **a** – 21 mm, **b** – 21 mm, **c** – 18 mm

잠자리과

Family Libellulidae Rambur, 1842

잠자리과에는 전세계적으로 140속 1,033종의 잠자리가 있으며, 한국에는 12속 31종이 발견되고 있다. 이 중 된장잠자리, 날개잠자리, 대륙고추좀잠자리는 비래종이고, 두점배좀잠자리, 긴꼬리고추잠자리는 비래한 개체와 정착한 개체가 혼재한다.

소 개

64. 남색이마잠자리 *Brachydiplax chalybea* Brauer, 1868
65. 고추잠자리 *Crocothemis servilia* (Drury 1773)
66. 어리밀잠자리(밀잠자리붙이) *Deielia phao*n (Selys, 1883)
67. 대모잠자리 *Libellula angelina* Selys, 1883
68. 넉점박이잠자리 *Libellula quadrimaculata* Linnaeus, 1758
69. 배치레잠자리 *Lyriothemis pachygastra* (Selys, 1878)
70. 꼬마잠자리 *Nannophya pygmaea* Rambur, 1842
71. 밀잠자리 *Orthetrum albistylum* (Selys, 1848)
72. 중간밀잠자리 *Orthetrum internum* McLachlan, 1894
73. 홀쭉밀잠자리 *Orthetrum lineostigma* (Selys, 1886)
74. 큰밀잠자리 *Orthetrum melania* (Selys, 1883)
75. 된장잠자리 *Pantala flavescens* (Fabricius, 1798)
76. 노란허리잠자리 *Pseudothemis zonata* (Burmeister, 1839)
77. 나비잠자리 *Rhyothemis fuliginosa* Selys, 1883
78. 날개잠자리 *Tramea virginia* (Rambur, 1842)
79. 긴꼬리고추잠자리 *Sympetrum cordulegaster* (Selys, 1883)
80. 고추좀잠자리 *Sympetrum frequens* (Selys, 1883)
81. 대륙고추좀잠자리 *Sympetrum depressiusculum* (Selys, 1841)
82. 여름좀잠자리 *Sympetrum darwinianum* (Selys, 1883)
83. 두점박이좀잠자리 *Sympetrum eroticum* (Selys, 1883)

84. 흰얼굴좀잠자리 *Sympetrum kunckeli* (Selys, 1884)
85. 애기좀잠자리 *Sympetrum parvulum* Bartenev, 1912
86. 두점배좀잠자리 *Sympetrum fonscolombii* (Selys, 1840)
87. 깃동잠자리 *Sympetrum infuscatum* (Selys, 1883)
88. 들깃동잠자리 *Sympetrum risi* Bartenev, 1914
89. 산깃동잠자리(깃동잠자리붙이) *Sympetrum baccha* (Selys, 1884)
90. 날개띠좀잠자리 *Sympetrum pedemontanum* (Muller in Allioni, 1766)
91. 하나잠자리 *Sympetrum speciosum* Oguma, 1915
92. 대륙좀잠자리 *Sympetrum striolatum* (Charpentier, 1840)
93. 노란잠자리 *Sympetrum croceolum* (Selys, 1883)
94. 진노란잠자리 *Sympetrum uniforme* (Selys, 1883)

64. 남색이마잠자리

Brachydiplax chalybea Brauer, 1868

①

②

③

④

• 성충 몸길이 Adult body length [mm]

	whole body	head & thorax	abdomen & app.	forewing / hindwing
♂	39~44	15~16.5	24~27.5	30~33 / 29~32
♀	37~38	14~14.5	23~23.5	31~33 / 30~32

2010년 제주에서 처음 발견된 후 전라도로 서식지를 확대하고 2020년에는 경기 서부까지 진출하였다. 서식지는 흔하지 않고 개체밀도는 다소 낮은 편이다. 7월에서 8월까지 짝짓기한다. 평지와 산지의 습지에 서식한다. 암놈 단독으로 수면에 산란한다. 1년 1세대이고 유충으로 월동한다.

[유충] 몸길이 18~19 mm. 등가시는 제3~8배마디에 있고, 옆가시는 제8~9배마디에 있다. 진흙바닥에 서식한다.

• Since first record at Jeju in 2010, expanding into southwestern region, & midwestern region in 2020, habitats uncommon, & population density rather low; • Mating from Jul. to Aug.; • Inhabiting marshes at flatland & mountains; • Ovipositing alone on water surface; • 1 generation in a year & overwintering as larvae

⑤

[Larva] • Body length 18~19 mm; • Dorsal spines on S3 to S8 & lateral spines on S8 to S9; • Inhabiting muddy substrates; • Fig. ⑤a – F-1 instar

① ♂. 2012-8-1. 제주 북제주 ② ♀. 2012-8-1. 제주 북제주 ③ ④ ♂♀
⑤ 유충. 2017-6-27. 제주 북제주. a – 아종령 ⑥ 분포
⑦ ♀. 2016-6-25. 제주 북제주 ⑧ ♂. 2013-8-13. 제주 북제주

⑥

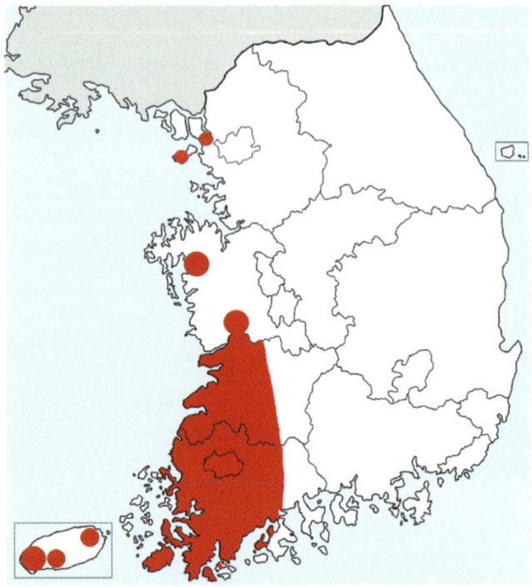

⑦

⑧

65. 고추잠자리

Crocothemis servilia (Drury, 1773) *C. s. mariannae* Kiauta, 1983

①

②

③

④

• 성충 몸길이 Adult body length [mm]

	whole body	head & thorax	abdomen & app.	forewing / hindwing
♂	47~49	18	29~31	36 / 35
♀	45~47	17~18	28~29	34~39 / 33~38

전국적으로 분포하고 서식지는 흔하고 개체밀도는 보통이다. 6월에서 8월까지 짝짓기한다. 평지와 산지의 연못에 서식한다. 암놈 단독으로 수면에 산란한다. 1년 1세대이고 유충으로 월동한다.

[유충] 몸길이 20~22 mm. 등가시는 없고, 옆가시는 제8~9배마디에 있다. 진흙바닥에 서식한다.

• Distributed nationwide, habitats common, & population density medium; • Mating from Jun. to Aug.; • Inhabiting ponds at lowland & mountains; • Ovipositing alone on water surface; • 1 generation in a year & overwintering as larvae

[Larva] • Body length 20~22 mm; • Dorsal spines absent & lateral spines on S8 to S9; • Inhabiting muddy substrates

⑤

① ♂. 2011-9-25. 서울 마포 ② ♀. 2012-6-8. 제주 북제주 ③ ④ ♂♀
⑤ 유충. 2015-10-18. 충북 진천 ⑥ ♀ 우화. 2017-6-14 ⑦ 분포
⑧ ♂. 2009-6-12. 경기 광명 ⑨ ♀. 2014-6-29. 제주 북제주

⑥

⑦
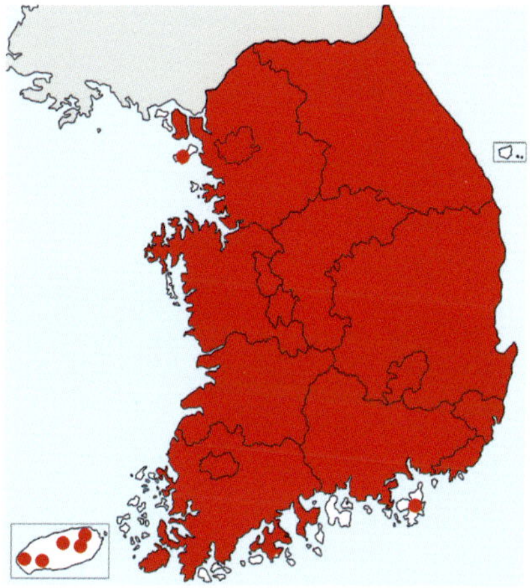

⑧

⑨

66. 어리밀잠자리(밀잠자리붙이)

Deielia phaon (Selys, 1883)

①

②

③

④

• 성충 몸길이 Adult body length [mm]

	whole body	head & thorax	abdomen & app.	forewing / hindwing
♂	44~46	15	29~31	34~37 / 33~36
♀	41~45	14~16	27~29	36~40 / 35~39

전국적으로 분포하고 서식지는 흔하고 개체밀도는 보통이다. 6월에서 8월까지 짝짓기한다. 평지와 산지의 연못에 서식한다. 암놈 단독으로 수초에 산란한다. 1년 1세대이고 유충으로 월동한다.

[유충] 몸길이 21~22 mm. 등가시는 제4~9배마디에 있고, 옆가시는 제8~9배마디에 있다. 진흙바닥에 서식한다.

• Distributed nationwide, habitats common, & population density medium; • Mating from Jun. to Aug.; • Inhabiting ponds at lowland & mountains; • Ovipositing alone on aquatic plants; • 1 generation in a year & overwintering as larvae

[Larva] • Body length 21~22 mm; • Dorsal spines on S4 to S9 & lateral spines on S8 to S9; • Inhabiting muddy substrates; • Fig. ⑤a – ⑤

F-1 instar

① ♂. 2006-7-5. 경기 광명 ② ♀. 2006-8-22. 경기 광명 ③ ④ ♂♀
⑤ 유충. 2016-4-19. 경기 성남. **a** - 아종령 ⑥ 분포⑦ ♀. yellow type. 2011-7-10. 제주 북제주 ⑧ ♂. 2011-7-10. 제주 북제주 ⑨ ♀. 2011-7-10. 제주 북제주

⑥
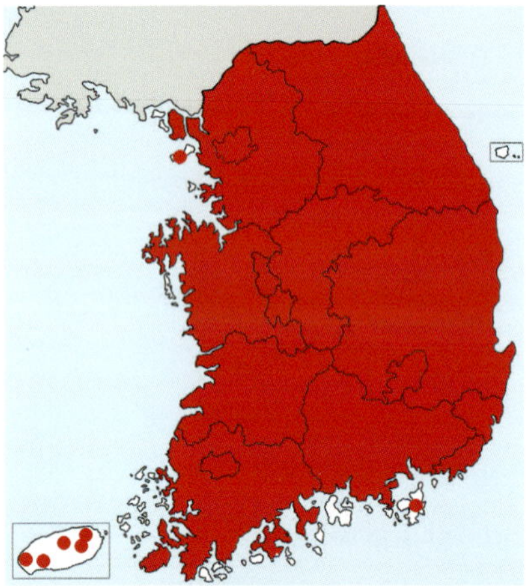

⑦

⑧

⑨

67. 대모잠자리

Libellula angelina Selys, 1883

③

④

• 성충 몸길이 Adult body length [mm]

	whole body	head & thorax	abdomen & app.	forewing / hindwing
♂	40~46	15~17	25~29	32~35 / 31~34
♀	39~42	15~16	24~26	32~34 / 31~33

전남지역에 서식지는 흔하고 개체밀도는 보통이나, 경기 서해지역은 도시화로 서식지와 개체수가 감소하고 있다. 5월에서 6월초까지 짝짓기한다. 평지와 산지 연못과 습지에 서식하며, 유속이 느리고 갈대가 많은 하천에도 서식한다. 암놈 단독으로 수면에 산란한다. 1년 1세대이고 유충으로 월동한다.

[유충] 몸길이 19~21 mm. 등가시는 제3~9배마디에 있고, 옆가시는 제8~9배마디에 있다. 진흙바닥에 서식한다.

• Distributed in southwestern region, habitats common, population density medium, but in midwestern region, habitats decreasing & population density low due to urbanization; • Mating from May to early Jun.; • Inhabiting ponds & marshes as well as slow streams full of cattails at lowland & mountains; • Ovipositing alone on water surface;

⑤

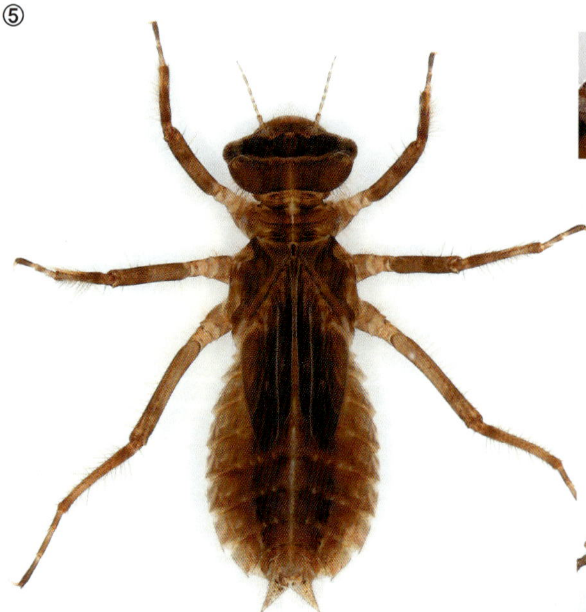

• 1 generation in a year & overwintering as larvae

[Larva] • Body length 19~21 mm; • Dorsal spines on S3 to S9 & lateral spines on S8 to S9; • Inhabiting muddy substrates

① ♂. 2012-5-5. 경기 광명 ② ♀. 2012-5-5. 경기 광명 ③ ④ ♂♀
⑤ 유충. 2016-4-11. 경기 화성 ⑥ ♀ 우화. 2018-12-7 ⑦ 분포
⑧ ♂. 2014-5-1. 경기 광명 ⑨ ♀. 2009-5-30. 인천 중구

⑥

⑦

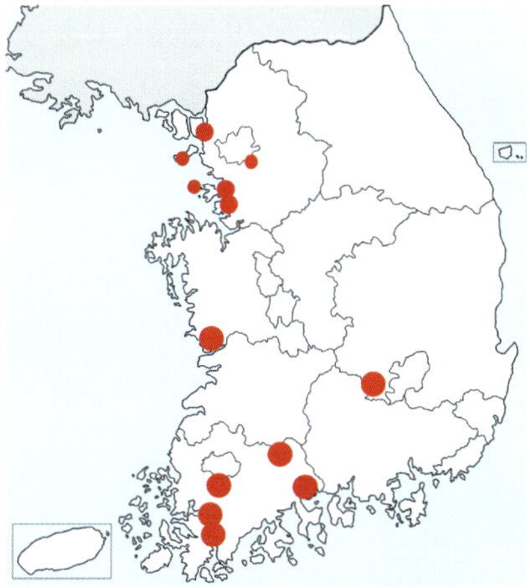

⑧

⑨

68. 넉점박이잠자리

Libellula quadrimaculata Linnaeus, 1758

③

④

• 성충 몸길이 Adult body length [mm]

	whole body	head & thorax	abdomen & app.	forewing / hindwing
♂	45~47	17~18	28~29	34~35 / 33~34
♀	44~45	17	27~28	35 / 34

전국적으로 분포하고 서식지는 흔하고 개체밀도는 보통이다. 5월에서 7월까지 짝짓기한다. 평지와 산지 연못에 서식한다. 암놈 단독으로 수면에 산란한다. 1년 1세대이고 유충으로 월동한다.

[유충] 몸길이 22~23 mm. 등가시는 제3~8배마디에 있고, 옆가시는 제8~9배마디에 있다.진흙바닥에 서식한다.

• Distributed nationwide, habitats common, & population density medium; • Mating from May to Jul.; • Inhabiting ponds at lowland & mountains; • Ovipositing alone on water surface; • 1 generation in a year & overwintering as larvae

[Larva] • Body length 22~23 mm; • Dorsal spines on S3 to S8 & lateral spines on S8 to S9;• Inhabiting muddy substrates

⑤

① ♂. 2012-5-3. 서울 마포 ② ♀. 2012-5-3. 서울 마포 ③ ④ ♂♀
⑤ 유충. 2016-1-4. 서울 마포 ⑥ ♂ 우화. 2018-5-2 ⑦ 분포
⑧ ♂. 2014-5-26. 서울 마포 ⑨ ♀. 2012-5-3. 서울 마포

⑥

⑦
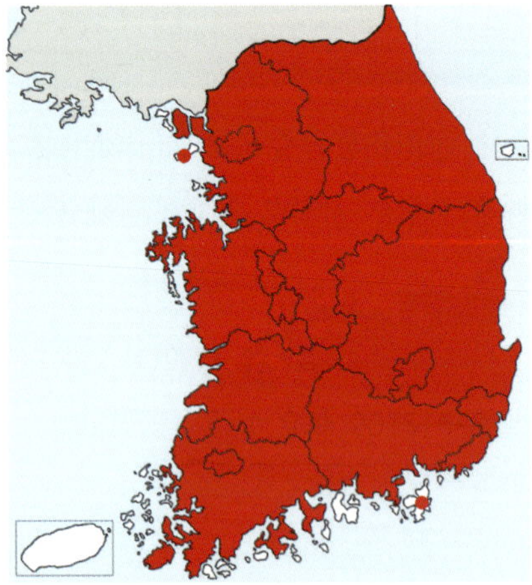

⑧

⑨

69. 배치레잠자리

Lyriothemis pachygastra (Selys, 1878)

③

④

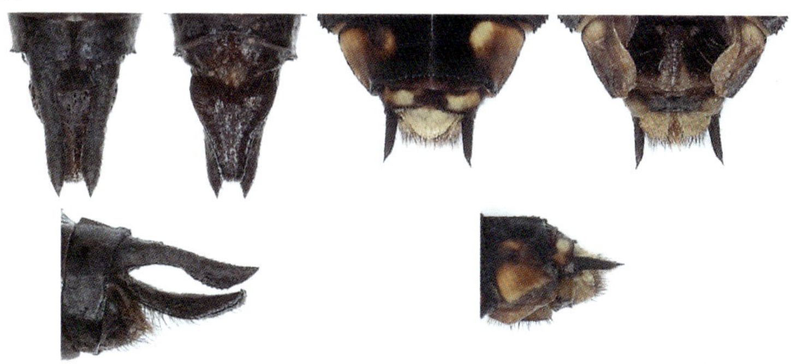

• 성충 몸길이 Adult body length [mm]

	whole body	head & thorax	abdomen & app.	forewing / hindwing
♂	36~37	13.5~14.5	22.5	27~28 / 26~27
♀	33.5~36	13~14	20.5~22	28~31 / 27~30

전국적으로 분포하고 서식지는 흔하고 개체밀도는 보통이다. 5월말에서 8월 중순까지 짝짓기한다. 평지와 산지 습지에 서식한다. 암놈 단독으로 수면에 산란한다. 1년 1세대이고 유충으로 월동한다.

[유충] 몸길이 14~16 mm. 등가시는 제4~9배마디에 있고, 옆가시는 제8~9배마디에 있다. 진흙바닥에 서식한다.

• Distributed nationwide, habitats common, & population density medium; • Mating from late May to mid Aug.; • Inhabiting marshes at lowland & mountains; • Ovipositing alone on water surface; • 1 generation in a year & overwintering as larvae

[Larva] • Body length 14~16 mm; • Dorsal spines on S4 to S9 & lateral spines on S8 to S9; • Inhabiting muddy substrates

⑤

① ♂. 2012-5-20. 서울 마포 ② ♀. 2011-6-7. 서울 마포 ③ ④ ♂♀
⑤ 유충. 2017-3-19. 경북 안동 ⑥ ♀ 우화. 2017-6-7 ⑦ 분포
⑧ ♂. 2012-6-3. 서울 마포 ⑨ ♀. 2017-6-28. 제주 북제주

⑥

⑦
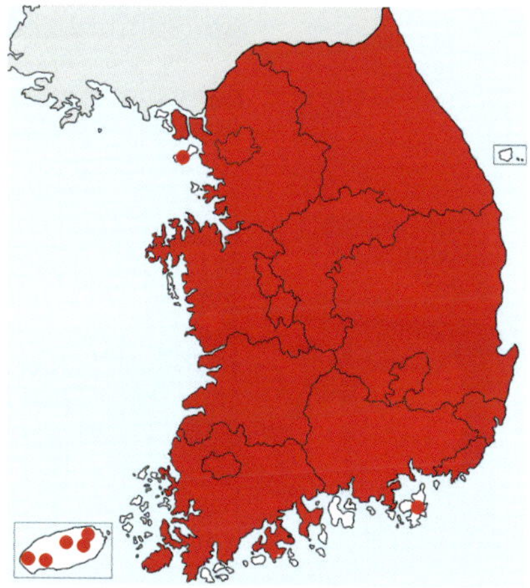

⑧

⑨

70. 꼬마잠자리

Nannophya pygmaea Rambur, 1842

①

②

③

④

• 성충 몸길이 Adult body length [mm]

	whole body	head & thorax	abdomen & app.	forewing / hindwing
♂	18~20	7~7.5	11~12.5	15~15.5 / 14~14.5
♀	17~19	7~7.5	10~11.5	15 / 14

남부지방에 분포하고 서식지는 드물고 개체밀도는 보통이다. 6월 중순에서 7월까지 짝짓기한다. 평지와 산지의 작은 부들이 있는 얕은 습지에 서식한다. 암놈 단독으로 수면에 산란한다. 1년 1세대이고 유충으로 월동한다.

[유충] 몸길이 9~10 mm. 등가시는 없고, 옆가시는 제8~9배마디에 있다. 진흙 바닥에 서식한다.

• Distributed in southern region, habitats rare, & population density medium; • Mating from mid Jun. to Jul.; • Inhabiting shallow marshes with soft bushes at lowland & mountains; • Ovipositing alone on water surface; • 1 generation in a year & overwintering as larvae

[Larva] • Body length 9~10 mm; • Dorsal spines absent & lateral spines on S8 to S9; • Inhabiting muddy substrates

⑤

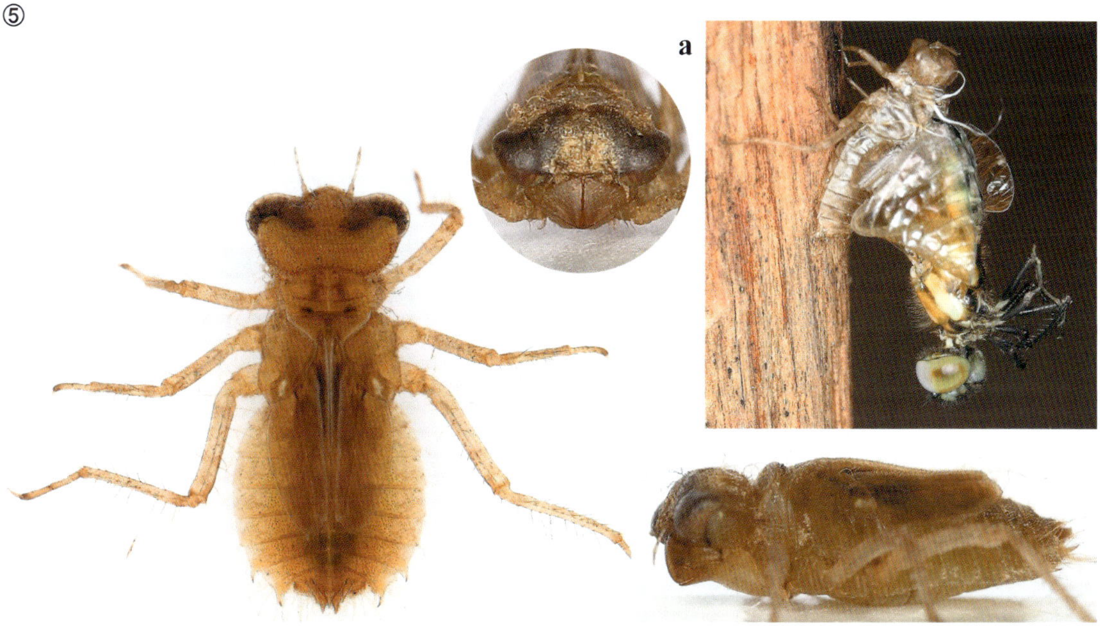

① ♂. 2012-7-13. 인천 중구 ② ♀. 2012-7-13. 인천 중구 ③ ④ ♂♀
⑤ 유충. 2017-4-15. 경북 안동. **a** - ♀ 우화부전. 2019-6-19 ⑥ 분포
⑦ ♂. 2010-7-7. 인천 중구 ⑧ ♂. 2010-7-7. 인천 중구 ⑧ ♀. 2010-7-7. 인천 중구

⑥

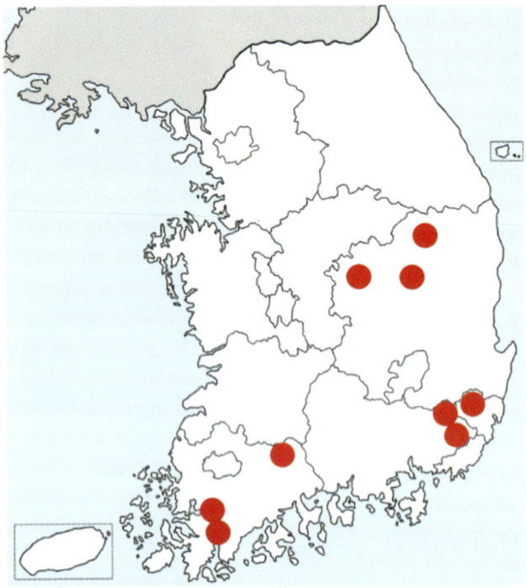

⑦

⑧

⑨

71. 밀잠자리

Orthetrum albistylum (Selys, 1848)

③

④

• 성충 몸길이 Adult body length [mm]

	whole body	head & thorax	abdomen & app.	forewing / hindwing
♂	52~56	16~17	36~39	39~41 / 38~40
♀	52~58	17	35~41	41 / 40

전국적으로 분포하고 서식지는 흔하고 개체밀도는 높다. 6월 중순에서 8월까지 짝짓기한다. 평지 연못과 하천에 서식한다. 암놈 단독으로 수면에 산란한다. 1년 1세대이고 유충으로 월동한다.

[유충] 몸길이 21~24 mm. 등가시는 없고, 옆가시는 제8~9배마디에 있다. 진흙 바닥에 서식한다.

• Distributed nationwide, habitats common, & population density high; • Mating from mid Jun. to Aug.; • Inhabiting ponds & streams at lowland; • Ovipositing in tandem or alone on water surface; • 1 generation in a year & overwintering as larvae

[Larva] • Body length 21~24 mm; • Dorsal spines absent & lateral spines on S8 to S9; • Inhabiting muddy substrates

⑤

a

① ♂. 2006-7-5. 경기 남양주 ② ♀. 2006-6-19. 경기 남양주 ③ ④ ♂♀
⑤ 유충. 2016-6-22. 서울 마포. **a** - ♀ 우화. 2018-4-1 ⑥ ♂ 우화. 2018-6-19
⑦ 분포 ⑧ ♂. 2009-6-18. 인천 중구 ⑨ ♀. 2010-8-27. 인천 중구

⑥

⑦

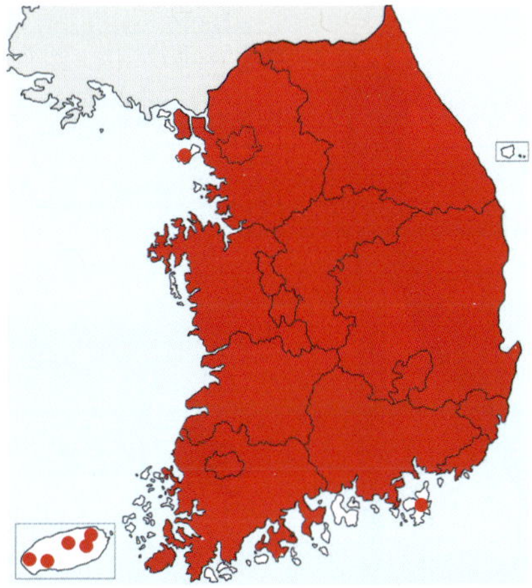

⑧

⑨

72. 중간밀잠자리

Orthetrum internum McLachlan, 1894

③

④

• 성충 몸길이 Adult body length [mm]

	whole body	head & thorax	abdomen & app.	forewing / hindwing
♂	44~45	15~16.5	28.5~29	32~35 / 31~34
♀	43~44	15~16	28	33 / 32

전국적으로 분포하고 서식지는 드물고 않고 개체밀도는 보통이다. 5월에서 6월 초순까지 짝짓기한다. 평지와 산지의 습지에 서식한다. 암놈 단독으로 수면에 산란한다. 1년 1세대이고 유충으로 월동한다.

[유충] 몸길이 17~19 mm. 등가시는 없고, 옆가시는 제8~9배마디에 있다. 진흙 바닥에 서식한다.

• Distributed nationwide, habitats not uncommon, & population density medium; • Mating from May to early Jun.; • Inhabiting marshes at lowland & mountains; • Ovipositing alone on water surface; • 1 generation in a year & overwintering as larvae

[Larva] • Body length 17~19 mm; • Dorsal spines absent & lateral spines on S8 to S9; • Inhabiting muddy substrates

⑤

① ♂. 2012-5-9. 충북 진천 ② ♀. 2012-5-9. 충북 진천 ③ ④ ♂♀
⑤ 유충. 2016-3-4. 충북 진천. **a** - ♀ 우화. 2018-4-4 ⑥ 분포
⑦ ♂. 2009-6-2. 경기 광명 ⑧ ♂♀. 2012-5-9. 경기 광명

⑥

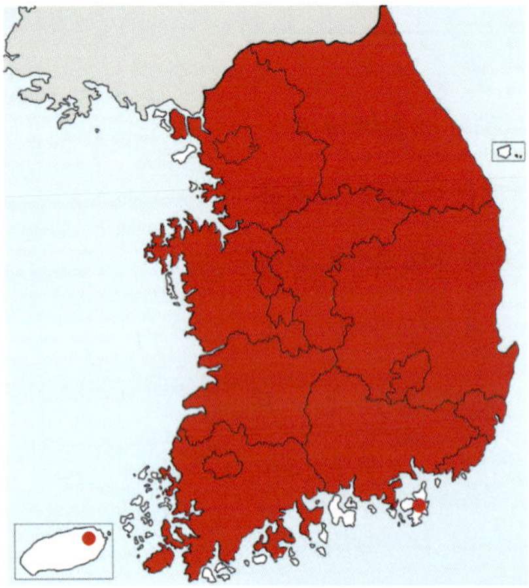

⑦

⑧

73. 홀쭉밀잠자리

Orthetrum lineostigma (Selys, 1886)

①

②

③

④

• 성충 몸길이 Adult body length [mm]

	whole body	head & thorax	abdomen & app.	forewing / hindwing
♂	45~47	15~16	30~31	33~35 / 32~34
♀	45~46	16	29~30	35 / 34

전국적으로 분포하고 남부지방에서는 서식지와 개체가 흔하고 중부지방에서는 드물다. 6월에서 7월 중순까지 짝짓기한다. 수풀이 우거진 작은 하천에 서식한다. 암놈 단독으로 수면에 산란한다. 1년 1세대이고 유충으로 월동한다.

[유충] 몸길이 17~19 mm. 등가시는 없고, 옆가시는 제8~9배마디에 있다. 진흙 바닥에 서식한다.

• Distributed nationwide, habitats common & population density medium in southern region, whereas habitats uncommon & population density low in middle region; • Mating from Jun. to mid Jul.; • Inhabiting small streams with soft bushes; • Ovipositing alone on water surface; • 1 generation in a year & overwintering as larvae

[Larva] • Body length 17~19 mm; • Dorsal spines absent & lateral

⑤

spines on S8 to S9; • Inhabiting muddy substrates

① ♂. 2012-6-23. 서울 마포 ② ♀. 2012-6-23. 서울 마포 ③ ④ ♂♀
⑤ 유충. 2017-3-30. 충북 보은. ♂ 우화. 2017-4-28 ⑥ ♀ 우화. 2017-4-27
⑦ 분포 ⑧ ♂. 2010-6-22. 서울 마포 ⑨ ♂♀. 교미. 2010-6-28. 서울 마포

⑥

⑦
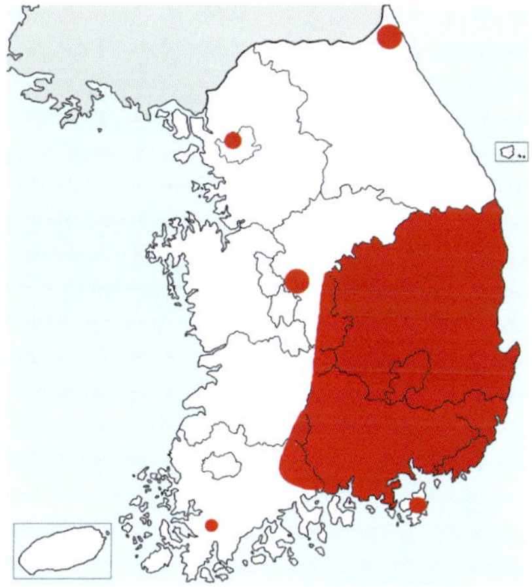

74. 큰밀잠자리

Orthetrum melania (Selys, 1883)

①

②

③

④

• 성충 몸길이 Adult body length [mm]

	whole body	head & thorax	abdomen & app.	forewing / hindwing
♂	52~56	19~20	33~36	41 / 40
♀	52~54	19~20	33~34	41~44 / 40~43

전국적으로 분포하고 서식지는 흔하고 개체밀도는 보통이다. 6월 중순에서 8월까지 짝짓기한다. 평지와 산지의 습지에 서식한다. 암놈 단독으로 수면에 산란한다. 1년 1세대이고 유충으로 월동한다.

[유충] 몸길이 21~23 mm. 등가시는 제4~7배마디에 있고, 옆가시는 제8~9배마디에 있다. 진흙바닥에 서식한다.

• Distributed nationwide, habitats common, & population density medium; • Mating from mid Jun. to Aug.; • Inhabiting marshes at lowland & mountains; • Ovipositing alone on water surface; • 1 generation in a year & overwintering as larvae

[Larva] • Body length 21~23 mm; • Dorsal spines on S4 to S7 & lateral spines on S8 to S9; • Inhabiting muddy substrates

⑤

① ♂. 2011-7-2. 충북 진천 ② ♀. 2011-7-2. 충북 진천 ③ ④ ♂♀
⑤ 유충. 2016-4-22. 충북 진천 ⑥ ♀ 우화. 2018-5-2 ⑦ 분포
⑧ ♂. 2010-7-10. 충북 진천 ⑨ ♂♀. 교미. 2010-7-10. 충북 진천

⑥

⑦
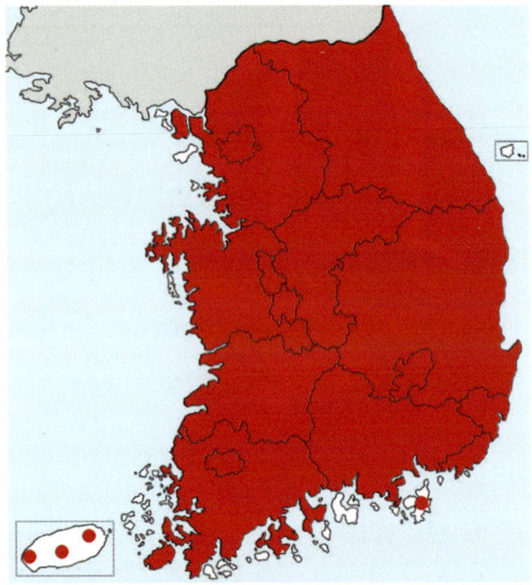

⑧

⑨

75. 된장잠자리

Pantala flavescens (Fabricius, 1798)

①

②

③

④

• 성충 몸길이 Adult body length [mm]

	whole body	head & thorax	abdomen & app.	forewing / hindwing
♂	48~51	17~18	31~33	41~42 / 40~41
♀	51~52	17~18	34	42~45 / 41~44

초여름 남쪽에서 날아오는 비래종이며 유충은 늦가을 수온이 떨어지면 죽는다. 전국적으로 분포하고 서식지는 흔하고 개체밀도는 매우 높다. 6월에서 9월까지 짝짓기한다. 정수성 환경에 서식하지만 계곡에서도 유충은 발견된다. 암수 연결 혹은 암놈 단독으로 수면에 산란한다. 1년 2~3세대이다.

[유충] 몸길이 24~26 mm. 등가시는 없고, 옆가시는 제8~9배마디에 있다. 물만 있으면 어디서나 서식한다. 산란된 알들은 48시간 내에 모두 부화한다.

• Migrating every early summer & larvae dying in late fall; • Distributed nationwide, habitats common, & population density very high; • Mating from Jun. to Sep.; • Inhabiting ponds & occasionally in valley streams; • Ovipositing in tandem or alone on water surface; • 2~3 generations in a year

⑤

a

[Larva] • Body length 24~26 mm; • Dorsal spines absent & lateral spines on S8 to S9; • Inhabiting anywhere with water; • Larvae hatching within 48 hours after oviposition

① ♂. 2012-8-21. 서울 서초 ② ♀. 2012-8-21. 서울 서초 ③ ④ ♂♀
⑤ 유충. 2016-9-7. 서울 마포. **a** - ♂ 우화. 2016-9-14 ⑥ 분포. green - migration
⑦ ♂. 2009-7-19. 제주 북제주 ⑧ 2012-9-8. 경기 시흥

⑥

⑦

⑧

76. 노란허리잠자리

Pseudothemis zonata (Burmeister, 1839)

①

②

③

④

• 성충 몸길이 Adult body length [mm]

	whole body	head & thorax	abdomen & app.	forewing / hindwing
♂	45~47	15.5~16	29.5~31	38 / 37
♀	42~45	14~15	28~30	38~40 / 37~39

전국적으로 분포하고 서식지는 흔하고 개체밀도는 보통이다. 6월에서 8월까지 짝짓기한다. 평지와 산지의 연못에 서식한다. 암놈 단독으로 수면에 산란한다. 1년 1세대이고 유충으로 월동한다.

[유충] 몸길이 19~21 mm. 등가시는 제2~9배마디에 있고, 옆가시는 제8~9배마디에 있다. 진흙바닥에 서식한다.

• Distributed nationwide, habitats common, & population density medium; • Mating from Jun. to Aug.; • Inhabiting ponds at lowland & mountains; • Ovipositing alone on water surface; • 1 generation in a year & overwintering as larvae

[Larva] • Body length 19~21 mm; • Dorsal spines on S2 to S9 & lateral spines on S8 to S9; • Inhabiting muddy substrates

⑤

① ♂. 2012-6-16. 경기 양평 ② ♀. 2006-7-25. 경기 남양주 ③ ④ ♂♀
⑤ 유충. 2015-12-19. 충북 진천. a - ♂ 우화. 2019-5-2
⑥ 분포 ⑦ ♀. 산란. 2013-6-28. 경기 파주 ⑧ ♂. 2016-6-18. 경기 연천

⑥
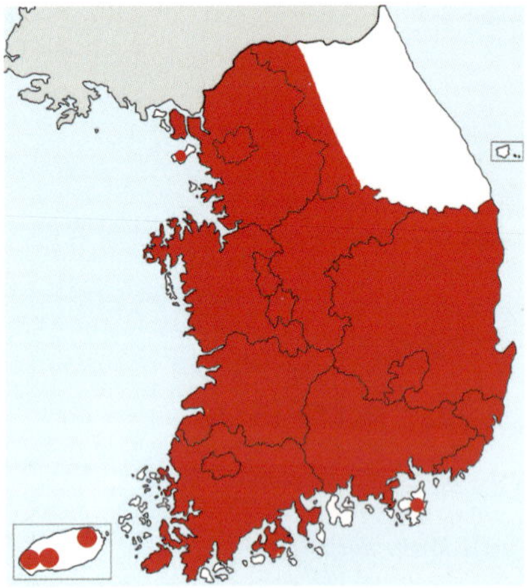

⑦

⑧

77. 나비잠자리

Rhyothemis fuliginosa Selys, 1883

• 성충 몸길이 Adult body length [mm]

	whole body	head & thorax	abdomen & app.	forewing / hindwing
♂	37~42	14~15.5	23~26.5	37~39 / 36~38
♀	35~38.5	14~15	21~23.5	35~38 / 34~37

전국적으로 분포하고 서식지는 흔하고 개체밀도는 보통이다. 6월에서 8월까지 짝짓기한다. 평지와 산지의 습지와 연못에 서식한다. 암놈 단독으로 수면에 산란한다. 1년 1세대이고 유충으로 월동한다.

[유충] 몸길이 16~17 mm. 등가시는 제4~9배마디에 있고, 옆가시는 제8~9배마디에 있다. 진흙바닥에 서식한다.

• Distributed nationwide, habitats common, & population density medium; • Mating from Jun. to Aug.; • Inhabiting marshes & ponds at lowland & mountains; • Ovipositing alone on water surface; • 1 generation in a year & overwintering as larvae

[Larva] • Body length 16~17 mm; • Dorsal spines on S4 to S9 & lateral spines on S8 to S9; • Inhabiting muddy substrates

⑤

① ♂. 2012-6-16. 경기 파주 ② ♀. 2012-6-16. 경기 파주 ③ ④ ♂♀
⑤ 유충. 2017-6-10. 인천 중구. a - ♂ 우화. 2017-6-20 ⑥ 분포
⑦ ♀. 2012-6-16. 경기 파주 ⑧ ♂. 2012-7-17. 경기 파주

⑥
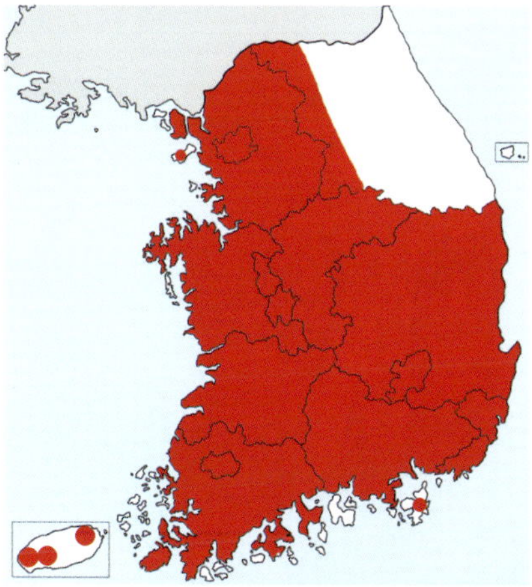

⑦

⑧

78. 날개잠자리

Tramea virginia (Rambur, 1842)

①

②

③

④

• 성충 몸길이 Adult body length [mm]

	whole body	head & thorax	abdomen & app.	forewing / hindwing
♂	54~57	18~20	36~37	46~49 / 45~48
♀	56~56.5	18.5~19.5	31.5~35.5	48~50 / 47~49

초여름 남쪽에서 비래하며 늦가을 유충은 얼어 죽는다. 제주에 개체수가 가장 많고, 경남, 전남, 경기, 강원에서도 극소수 관찰된다. 7월에서 9월초까지 짝짓기한다. 평지와 산지의 연못에 서식한다. 암수 연결 혹은 암놈 단독으로 수면에 산란한다. 1년 1~2세대이다.

[유충] 몸길이 25~28 mm. 등가시는 없고, 옆가시는 제8~9배마디에 있다. 진흙바닥에 서식한다. 산란중인 암컷에게서 알을 받아 부화에서 우화까지 관찰하였다. 부화한 유충은 어항벽에 모두 붙어있으며, 생활은 바닥에서 하고 가끔 낙엽 밑에 머문다. 공격성이 매우 강하고 동족포식도 대단하다. 먹이가 충분해도 결국 어항 하나에 유충 한 마리씩만 남게 된다. 우화모드에 들어서는 바위아래에 붙어 여러 날을 지내고 공기호흡 연습 없이 그냥 우화하였다. 2017-8-21. 채란; 2017-9-7. 부화 시작; 2017-11-20. 우화.

⑤

• Migrating every early summer & larvae dying in late fall; • Mainly distributed at Jeju, whereas rarely observable at mainland; • Mating from Jul. to early Sep.; • Inhabiting ponds at lowland & mountains; • Ovipositing in tandem or alone on water surface; • 1~2 generations in a year

[Larva] • Body length 25~28 mm; • Dorsal spines absent & lateral spines on S8 to S9; • Inhabiting muddy substrates; • Receiving eggs from ovipositing female on 2017-8-21, hatching from 2017-9-7, & emerging from 2017-11-20; Hatched larvae clinging to fish tank wall, growing into 4 mm, 8 mm, 12 mm (Fig. ⑤a); Staying on soils; Very aggressive & cannibalistic, even with enough prey, finally 1 larva left in each fish tank; Clinging to the foot of lock for several days, then emerging without air breathing practice near water surface

① ♂. 2015-8-24. 제주 북제주 ② ♀. 2015-8-24. 제주 북제주 ③ ④ ♂♀
⑤ 유충. 2017-10-28. 제주 북제주. **a** – 알과 갓 부화한 유충; 유충 성장: 4 mm, 8 mm, 12 mm ⑥ ♂ 우화. 2017-11-20 ⑦ 분포. green – migration
⑧ ♂. 2016-7-25. 경남 산청 ⑨ ♂♀. 산란비행. 2016-8-15. 경기 용인
⑩ ♂. 2014-8-21. 제주 북제주

⑥

⑦

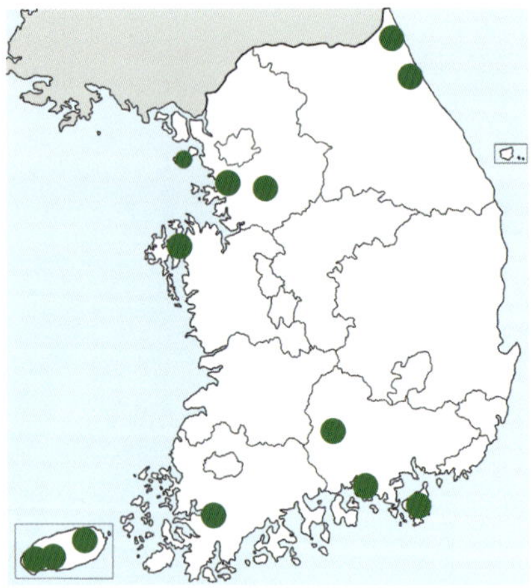

⑧

⑨

⑩

79. 긴꼬리고추잠자리

Sympetrum cordulegaster (Selys, 1883)

③

④

• 성충 몸길이 Adult body length [mm]

	whole body	head & thorax	abdomen & app.	forewing / hindwing
♂	35~39	12.5~14	22.5~25	28~30 / 27~29
♀	37~40	13~14	24~26	28~31 / 27~30

중부지방의 서해안 자락에 분포하고 정착개체와 비래개체가 혼재한다. 서식지는 드물고 개체밀도는 낮다. 9월에서 10월까지 짝짓기한다. 평지와 산지의 습지성 연못에 서식한다. 암놈 단독으로 물이 있는 진흙에 산란한다. 1년 1세대이고 알로 월동한다.

[유충] 몸길이 18~19 mm. 등가시는 제4~8배마디에 있고, 옆가시는 제8~9배마디에 있다. 진흙바닥에 서식한다.

• Distributed in west coastal area of middle region, habitats rare, & population density low; • Mixed with settled individuals & migrants; • Mating from Sep. to Oct.; • Inhabiting marshy ponds at lowland & mountains; • Ovipositing alone on watered mud; • 1 generation in a year & overwintering as eggs

[Larva] • Body length 18~19 mm; • Dorsal spines on S4 to S8 & lateral spines on S8 to S9; • Inhabiting muddy substrates

⑤

① ♂. 2012-10-2. 경기 시흥 ② ♀. 2012-9-8. 경기 시흥 ③ ④ ♂♀
⑤ 유충. 2017-6-15. 경기 안산 ⑥ ♂ 우화. 2017-6-29 ⑦ 분포. green - migration
⑧ ♂. 2012-10-8. 경기 시흥 ⑨ ♀. 2012-9-8. 경기 시흥

⑥

⑦
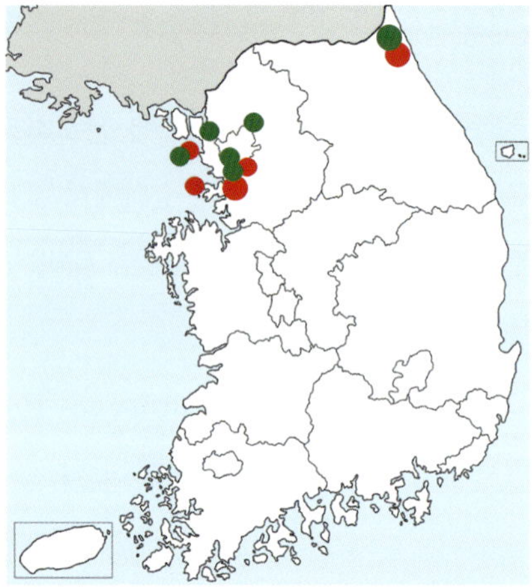

⑧

⑨

80. 고추좀잠자리

Sympetrum frequens (Selys, 1883)

①

②

③

④

• 성충 몸길이 Adult body length [mm]

	whole body	head & thorax	abdomen & app.	forewing / hindwing
♂	39~43	13.5~15	25.5~28	31 / 30
♀	38~42	13~15	26~27	31~34 / 30~33

전국적으로 분포하고 서식지는 흔하고 개체밀도는 높다. 8월 중순에서 10월까지 짝짓기한다. 습지, 연못, 논에 서식한다. 암수 연결 혹은 단독으로 물에 잠긴 진흙이나 물에 산란한다. 1년 1세대이고 알로 월동한다.

[유충] 몸길이 17~19 mm. 등가시는 제4~8배마디에 있고, 옆가시는 제8~9배마디에 있다. 진흙바닥에 서식한다.

• Distributed nationwide, habitats common, & population density high; • Mating from mid Aug. to Oct.; • Inhabiting marshes, ponds, & paddy fields; • Ovipositing in tandem or alone on watered mud or water; • 1 generation in a year & overwintering as eggs

[Larva] • Body length 17~19 mm; • Dorsal spines on S4 to S8 & lateral spines on S8 to S9; • Inhabiting muddy substrates

⑤

① ♂. 2012-10-2. 서울 강동 ② ♀. 2012-10-2. 서울 강동 ③ ④ ♂♀
⑤ 유충. 2017-7-2. 서울 강동 ⑥ ♀ 우화. 2016-7-3 ⑦ 분포
⑧ ♂♀. 교미. 2010-10-10. 서울 강동 ⑨ ♂♀. 산란. 2011-10-13. 서울 강동

⑥

⑦
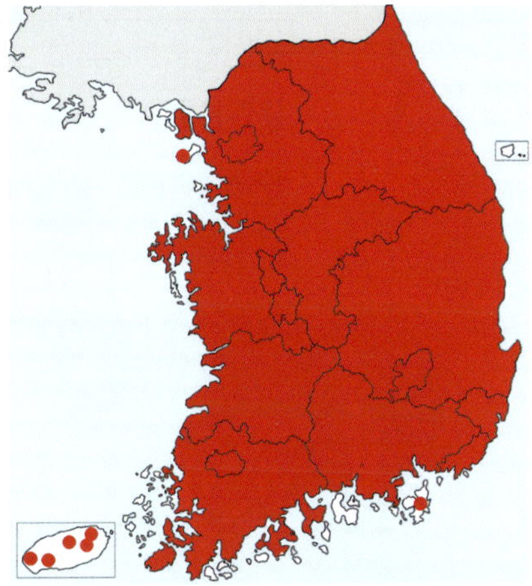

⑧

⑨

81. 대륙고추좀잠자리

Sympetrum depressiusculum (Selys, 1841)

• 성충 몸길이 Adult body length [mm]

	whole body	head & thorax	abdomen & app.	forewing / hindwing
♂	35~36.5	11.5~12	23.5~24.5	27.5~29 / 26.5~28
♀	30~32	9~9.5	21~22.5	25~28 / 24~27

2009년 경기 시흥에서 여러 개체가 관찰된 후 발견되지 않고 있다. 이런 현상은 일본에서도 마찬가지이다. 국내서식이 없는 것으로 보아, 과거 비래한 소수의 개체는 정착에 실패하였고 온난화와 북쪽 서식지역의 환경파괴 등의 요인으로 더 이상 비래하지 않는 것으로 판단된다.

□ 고추좀에 대비한 대륙고추좀의 특징

• 크기가 작다.; • 수놈은 dorsal view에서 배 중반 이후가 확연히 넓고, 배가 선명한 진한 빨강색이다.; • 암놈은 dorsal view에서, 암놈임에도 불구하고 수놈처럼, S자 배 모양을 하고 있으며, lateral view에서는 머리 대비 옆가슴 크기가 매우 작고 제2,3배마디 밑면이 확연히 납작하다.; • 배에 검은 무늬가 선명하다.; • 이마 갈라지는 부분에 검은 선 또는 그 흔적이 있는 개체가 많다.

□ 대륙고추좀과 고추좀의 하이브리드 의심개체 – ⑧ ⑨ ⑩

두 종의 하이브리드 의심개체가 경기 파주에서 2014년 수놈 1마리, 2020년 수

⑥

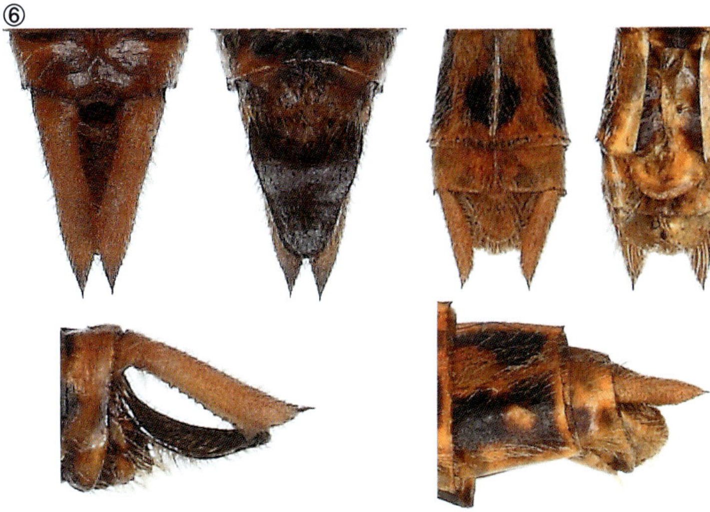

놈 1마리 채집되었다. 두 개체 모두 몸길이 38 mm, 앞날개 길이 30 mm 였다. 이 개체들은 대륙고추좀보다 크고 고추좀보다 작으며, 대륙고추좀의 모든 특징을 가지고 있지는 않은 것으로 보아 하이브리드로 의심된다.

• Migratory species; • Several individuals observed at one locality in 2009 & no more discovery since then

□ Characteristics of *S. depressiusculum,* compared to *S. frequens*

• Size smaller; • Male: distal half of abdomen wider in dorsal view, & abdomen colour truly redder; • Female: abdomen in dorsal view 'S' shaped, unlike usual female, pterothorax size relative to head very small in lateral view, & ventral part of abdominal S2 & S3 flatter in lateral view; • Surely black maculation on abdomen; • Black vertical line or blackish trace on the middle of frons in many individuals

□ Hybrid suspect of *S. frequens & S. depressiusculum* - ⑧ ⑨ ⑩

Two hybrid suspects were collected at Paju, Gyeonggi-do - one male in 2014 & another male in 2020. These specimens are a little larger than typical *S. depressiusculum* - body length 38 mm, head & thorax 13.5 mm, abdomen & app. 24.5 mm, forewing 30 mm, & hindwing 28 mm. Not all characteristics of *S. depressiusculum* were shown. Presumably, these specimens might be the hybrids of the two species.

① ② ♂. 2009-10-8. 경기 시흥 ③ ④ ⑤ ♀. 2009-9-28. 경기 시흥

Hybrid suspect

⑧ ⑨ ⑩ ♂. 2020-9-18. 경기 파주

⑦

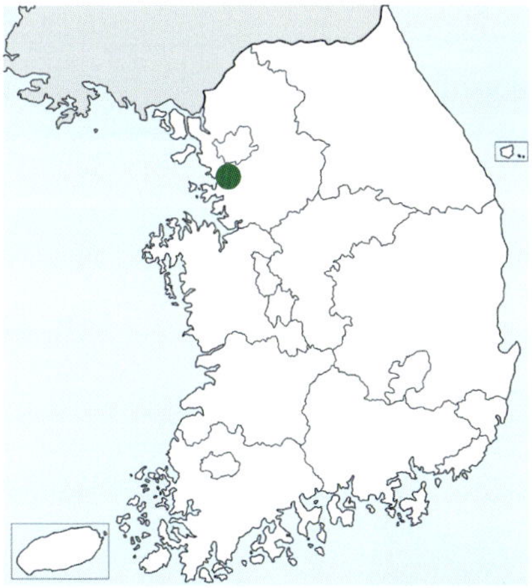

⑧

⑨

⑩

82. 여름좀잠자리

Sympetrum darwinianum (Selys, 1883)

①

②

③

④

• 성충 몸길이 Adult body length [mm]

	whole body	head & thorax	abdomen & app.	forewing / hindwing
♂	38~42	14~15	24~27	29~32 / 28~31
♀	38~40	13~13.5	25~26.5	29~31 / 28~30

전국적으로 분포하고 서식지는 흔하지 않고 개체밀도는 낮다. 9월 중순에서 10월초까지 짝짓기한다. 논에 서식한다. 암수 연결하여 벼 위에 산란한다. 1년 1세대이고 알로 월동한다.

[유충] 몸길이 16~18 mm. 등가시는 제4~8배마디에 있고, 옆가시는 제8~9배마디에 있다. 진흙바닥에 서식한다. 2018년 9월 경기지역에서 암수연결 상태에서 산란하는 암놈 3마리로부터 알을 받았으나 이듬해 어항에서 전혀 부화하지 않았다. 2019년 9월 충남지역에서 산란하는 암놈 1마리에게서 알을 받았으나, 역시 전혀 부화하지 않았다. 2018년 대규모 산란했던 논에 2019년에는 여름좀 성충이 전혀 보이지 않았다. 깃동, 고추좀 성충은 여전히 서식하고 있었지만, 일정 조건이 맞지 않으면 부화하지 않는 것으로 보이고 다수 개체가 번성하기 어려운 이유로 판단된다.

⑤

• Distributed nationwide, habitats uncommon, & population density low; • Mating from mid Sep. to early Oct.; • Inhabiting paddy fields; • Ovipositing in tandem on paddy fields; • 1 generation in a year & overwintering as eggs

[Larva] • Body length 16~18 mm; • Dorsal spines on S4 to S8 & lateral spines on S8 to S9; • Inhabiting muddy substrates; • I received eggs from three ovipositing females in tandem in Sep., 2018, but no larva hatched in fish tanks in 2019. In Sep., 2019, I received eggs from one ovipositing female in tandem at another locality, but failed again. There was mass oviposition in the paddy field in 2018, but none of *S. darwinianum* adults showed up there in 2019 whereas *S. infuscatum* & *S. frequens* adults were prevalent again. Condition for hatching seems very choosy, which might hinder mass propagation.

① ♂. 2016-10-10. 경기 파주 ② ♀. 2015-10-4. 경기 파주 ③ ④ ♂♀
⑤ 유충. 우화모드. 2020-7-5. 충남 보령 ⑥ ♀ 우화. 2020-7-9 ⑦ 분포
⑧ ♂. 2010-9-28. 경기 시흥 ⑨ ♀. 2015-10-4. 서울 양서
⑩ ♂. 2010-9-28. 경기 시흥

⑥

⑦

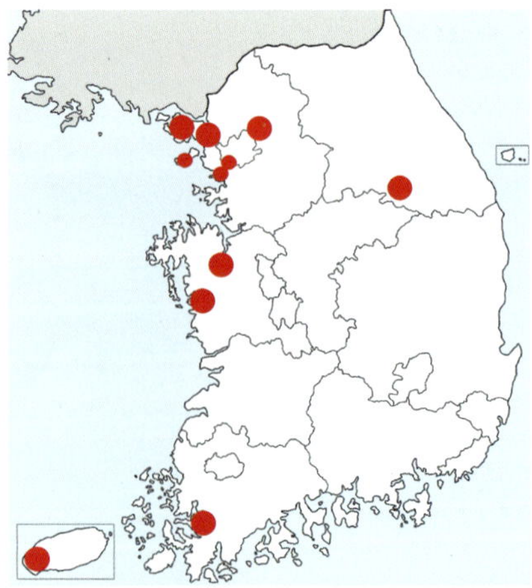

⑧

⑨

⑩

83. 두점박이좀잠자리

Sympetrum eroticum (Selys, 1883)

③

④

• 성충 몸길이 Adult body length [mm]

	whole body	head & thorax	abdomen & app.	forewing / hindwing
♂	38~39	13~13.5	25~25.5	29~30 / 28~29
♀	37~38	12~12.5	25~25.5	28~30 / 27~29

전국적으로 분포하고 서식지는 흔하고 개체밀도는 높다. 8월 중순에서 9월까지 짝짓기한다. 평지와 산지의 연못, 하천에도 서식한다. 암수연결 상태에서 수면에 알을 떨어뜨린다. 1년 1세대이고 알로 월동한다.

[유충] 몸길이 14~15 mm. 등가시는 제4~8배마디에 있고, 옆가시는 제8~9배마디에 있다. 진흙바닥에 서식한다. 크기는 작지만 매우 공격적이어서 자기보다 큰 다른 잠자리유충도 사냥한다.

• Distributed nationwide, habitats common, & population density high; • Mating from mid Aug. to Sep.; • Inhabiting ponds & streams at lowland & mountains; • Scattering eggs, in tandem, on water surface; • 1 generation in a year & overwintering as eggs

[Larva] • Body length 14~15 mm; • Dorsal spines on S4 to S8 & lateral spines on S8 to S9; • Inhabiting muddy substrates; • Although

⑤

small, very predatory & hunting even larger odonate larvae

① ♂. 2013-8-30. 서울 마포 ② ♀. 2013-8-30. 서울 마포 ③ ④ ♂♀
⑤ 유충. 2017-6-8. 경기 파주 ⑥ ♀ 우화. 2017-7-7 ⑦ 분포
⑧ ⑨ ♂♀. 교미와 산란. 2010-9-7. 경기 용인

⑥

⑦

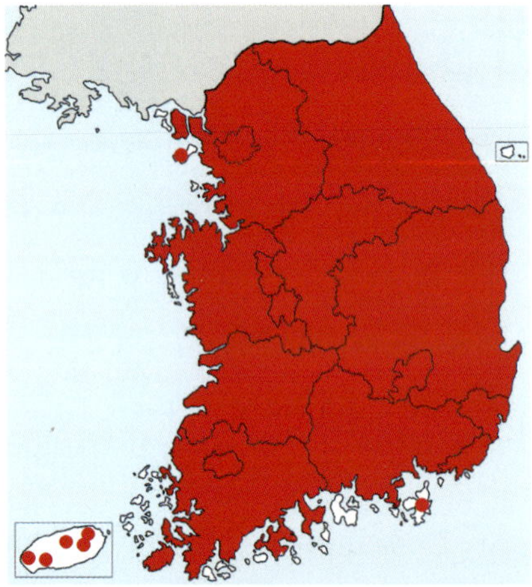

⑧

⑨

84. 흰얼굴좀잠자리

Sympetrum kunckeli (Selys, 1884)

③

④

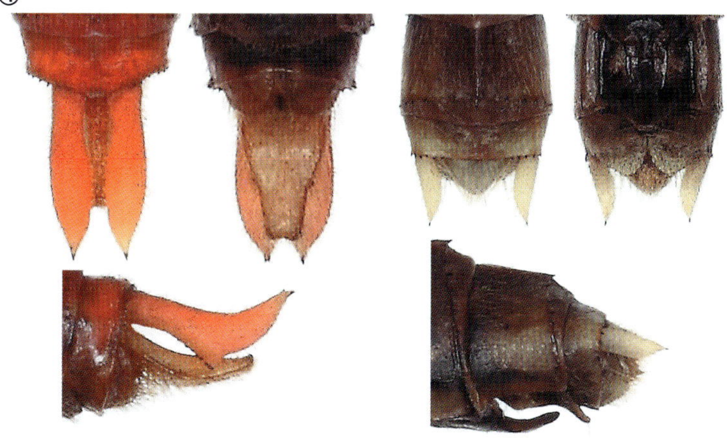

• 성충 몸길이 Adult body length [mm]

	whole body	head & thorax	abdomen & app.	forewing / hindwing
♂	34~36	13~13.5	21~22.5	25~27 / 24~26
♀	34	11.5~12.5	21.5~22.5	25~26 / 24~25

전국적으로 분포하고 서식지는 흔하지 않고 개체밀도는 낮다. 9월에서 10월까지 짝짓기한다. 평지와 산지의 습지성 연못에 서식한다. 암수연결 되어 수면에 산란한다. 1년 1세대이고 알로 월동한다.

[유충] 몸길이 13~14 mm. 등가시는 제4~8배마디에 있고, 옆가시는 제8~9배마디에 있다. 진흙바닥에 서식한다.

• Distributed nationwide, habitats uncommon, & population density low; • Mating from Sep. to Oct.; • Inhabiting marshy ponds at lowland & mountains; • Ovipositing in tandem on water surface; • 1 generation in a year & overwintering as eggs

[Larva] • Body length 13~14 mm; • Dorsal spines on S4 to S8 & lateral spines on S8 to S9; • Inhabiting muddy substrates

⑤

① ♂. 2013-9-7. 서울 마포 ② ♀. 2013-9-7. 서울 마포 ③ ④ ♂♀
⑤ 유충. 2017-7-3. 서울 마포 ⑥ ♀ 우화. 2018-7-10 ⑦ 분포
⑧ ♂. 2011-9-24. 서울 마포 ⑨ ♂♀. 교미. 2014-9-22. 서울 마포

⑥

⑦
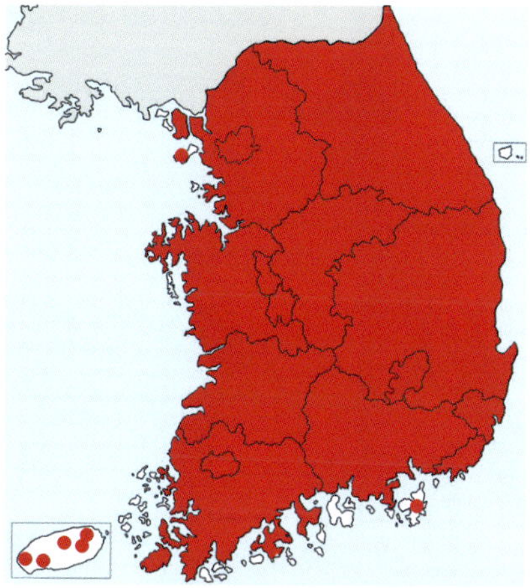

⑧

⑨

85. 애기좀잠자리

Sympetrum parvulum Bartenev, 1912

①

②

③

④

• 성충 몸길이 Adult body length [mm]

	whole body	head & thorax	abdomen & app.	forewing / hindwing
♂	28~30	9.5~10.5	18.5~19.5	22~23 / 21~22
♀	28~29.5	9~10	19~19.5	21~23 / 20~22

전국적으로 분포하고 서식지는 흔하지 않고 개체밀도는 낮다. 9월에서 10월까지 짝짓기한다. 평지와 산지의 작은 부들이 있는 얕은 습지에 서식한다. 암놈 단독 혹은 암수 연결 상태로 산란한다. 1년 1세대이고 알로 월동한다.

[유충] 몸길이 12~13 mm. 등가시는 제4~8배마디에 있고, 옆가시는 제8~9배마디에 있다. 수심이 얕은 진흙바닥에 서식하며 큰 잠자리 유충이 없는 곳이다.

• Distributed nationwide, habitats uncommon, & population density low; • Mating from Sep. to Oct.; • Inhabiting shallow grassy marshes at lowland & mountains; • Ovipositing alone or in tandem on water; • 1 generation in a year & overwintering as eggs

[Larva] • Body length 12~13 mm; • Dorsal spines on S4 to S8 & lateral spines on S8 to S9; • Inhabiting muddy substrates in shallow water where other big odonate larvae absent

⑤

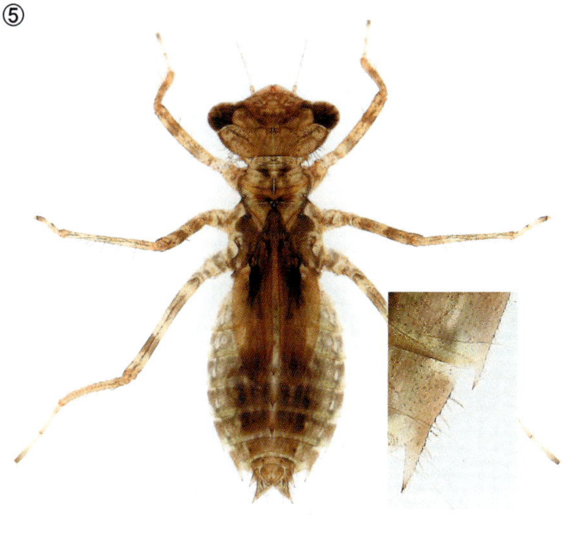

① ♂. 2011-9-18. 서울 은평 ② ♀. 2011-9-18. 서울 은평 ③ ④ ♂♀
⑤ 유충. 2017-7-26. 충북 보은 ⑥ ♂ 우화. 2017-8-9; ♀ 우화. 2017-8-15
⑦ 분포 ⑧ ♂. 2012-9-10. 서울 은평 ⑨ ♀. 2010-9-14. 서울 은평

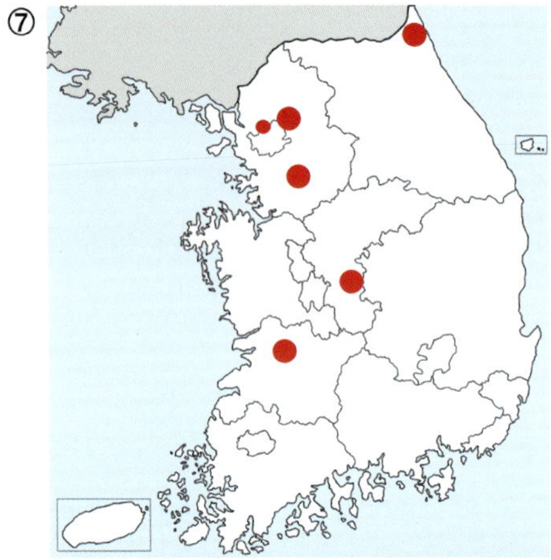

86. 두점배좀잠자리

Sympetrum fonscolombii (Selys, 1840)

③

④

• 성충 몸길이 Adult body length [mm]

	whole body	head & thorax	abdomen & app.	forewing / hindwing
♂	39~43	14~14.5	25~28.5	29~32 / 27~30
♀	38~39	14~14.5	24~24.5	32 / 30

서해안과 동해안 자락, 제주도에 분포하고 서식지는 흔하지 않고 개체밀도는 낮다. 9월 중순에서 10월 중순에 짝짓기한다. 평지의 습지성 연못에 서식한다. 암놈 연결 상태에서 수면에 산란한다. 1년 1세대이고 유충으로 월동한다. 정착 개체와 비래 개체가 혼재한다. 10월 중순에서 하순까지 제주에 다수 개체가 보이는데 크기가 큰 개체가 많아 비래한 개체들로 보인다.

[유충] 몸길이 15~16.5 mm. 등가시는 없고, 옆가시는 제8~9배마디에 있다. 진흙바닥에 서식한다. 산란하던 암놈에게서 채란하였다. 부화에 가까워지면 알에서 두 눈이 보이기 시작하고(Fig. ⑤a. 파란 화살표), 이윽고 유충이 나타난다(빨간 화살표). 유충은 매우 약자이다. 돌 밑에 숨어있지 않고 대부분 시간을 바닥 위에서 지내는데, 경계심이 적고 움직임도 매우 느리고 동족 포식성도 거의 없다. 산란지는 왕, 밀, 고추, 된장 유충들이 많아 거의 다 잡아먹힌다고 보아야 할 것이다. 가을 집단 산란한 장소에서도 이듬해 봄 유충은 매우 희박하다. 2017-9-16. 채란; 2017-9-27. 부화 시작; 2017-11-30. 우화 시작.

⑤

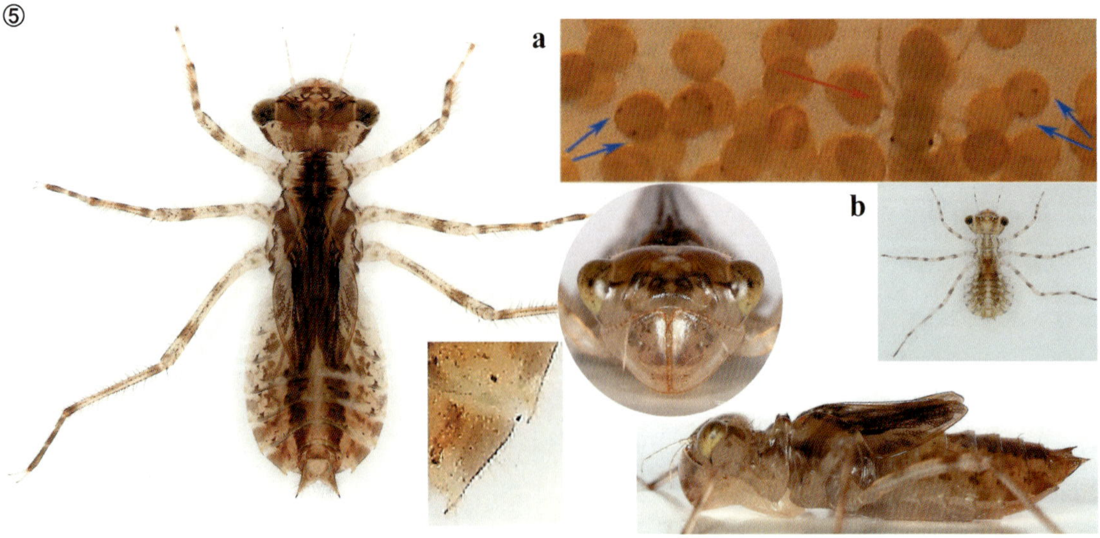

• Distributed in west coast, east coast, & Jeju, habitats uncommon, & population density low; • Mating from mid Sep. to mid Oct.; • Inhabiting marshy ponds at lowland; • Ovipositing in tandem on water surface; • 1 generation in a year & overwintering as larvae; • Mixed with settled individuals & migrants; Large population at Jeju during mid to late Oct., many of which larger, thus probably migrating from south

[Larva] • Body length 15~16.5 mm; • Dorsal spines absent & lateral spines on S8 to S9; • Inhabiting muddy substrates; • Receiving eggs from ovipositing females on 2017-9-16, hatching from 2017-9-27, & emerging from 2017-11-30; Before hatching, two dots (compound eyes) shown (Fig. ⑤a. blue arc); Larvae staying on ground, not wary, very slow, & not cannibalistic; • The habitats are full of larger, predatory larvae such as ***Anax parthenope, Orthetrum albistylum, Crocothemis servilia, & Pantala flavescens.*** Even in mass oviposited ponds, larvae are too few to find in the next spring. Most must be consumed.

① ♂. 2013-9-5. 경기 화성 ② ♀. 2013-9-5. 경기 화성 ③ ④ ♂♀
⑤ 유충. 2017-11-12. 인천 중구. **a** – eggs & larvae just hatched; **b** – when 5 mm
⑥ ♀ 우화. 2017-11-30 ⑦ 분포. green – migration
⑧ ⑨ ♂♀. 교미와 산란. 2017-9-24. 인천 중구 ⑩ ♂. 2017-9-24. 인천 중구

⑥

⑦
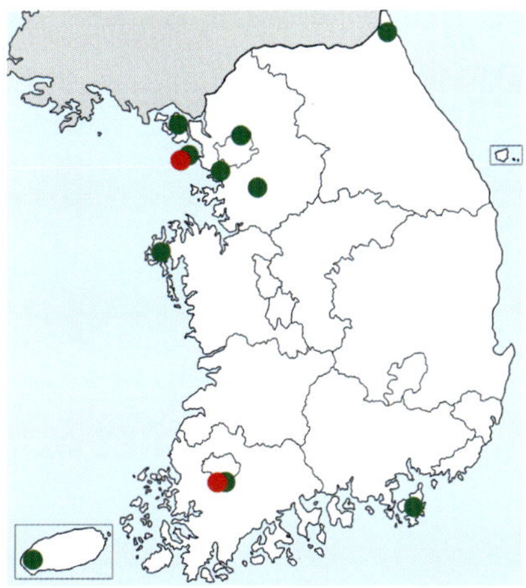

87. 깃동잠자리

Sympetrum infuscatum (Selys, 1883)

①

②

③

④

• 성충 몸길이 Adult body length [mm]

	whole body	head & thorax	abdomen & app.	forewing / hindwing
♂	47~48	16	31~32	35~38 / 34~37
♀	45~47	15~16	30~31	36~37 / 35~36

전국적으로 분포하고 서식지는 흔하고 개체밀도는 매우 높다. 8월에서 10월초까지 짝짓기한다. 평지와 산지의 연못, 습지, 논에 서식한다. 암놈 연결되어 산란한다. 1년 1세대이고 알로 월동한다.

[유충] 몸길이 18~21 mm. 등가시는 제4~8배마디에 있고, 옆가시는 제8~9배마디에 있다. 진흙바닥에 서식한다. 좀잠자리속 유충 중 가장 사납고 포식성이 강하다. 먹이가 충분한 상황에서도 동족포식이 일상적이다. 봄에 논 물대기가 끝나고 한 달 후 가면 99% 이상의 유충이 깃동일 정도로 많다.

• Distributed nationwide, habitats common, & population density very high; • Mating from Aug. to early Oct.; • Inhabiting ponds, marshes, & paddy fields at lowland & mountains; • Ovipositing in tandem; • 1 generation in a year & overwintering as eggs

[Larva] • Body length 18~21 mm; • Dorsal spines on S4 to S8 & lateral spines on S8 to S9; • Inhabiting muddy substrates; • Most

⑤

ferocious & predatory among ***Sympetrum*** species larvae in Korea; Cannibalistic even with enough prey in fish tank; Most abundant, more than 99% of larvae are ***S. infuscatum*** on paddy fields one month after irrigation in spring

① ♂. 2011-9-20. 서울 강동 ② ♀. 2011-9-20. 서울 강동 ③ ④ ♂♀
⑤ 유충. 2018-5-27. 경기 파주. **a** – 옆가시 편차
⑥ ♂ 우화. 2017-6-11; ♀ 우화. 2018-6-6 ⑦ 분포
⑧ ♂. 2014-9-22. 경기 파주 ⑨ ♂♀. 교미. 2015-10-9. 서울 마포

⑥

⑦
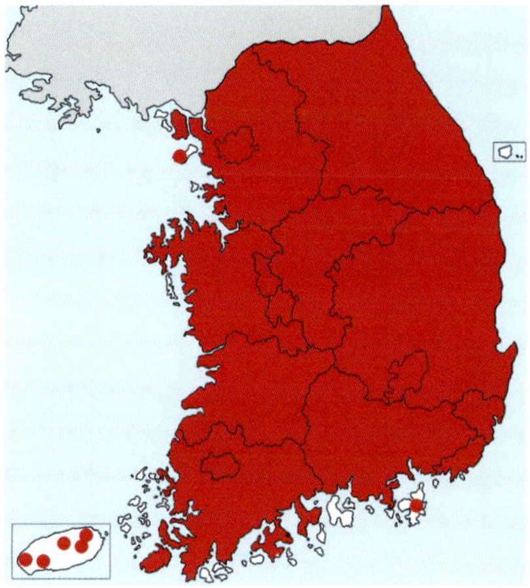

⑧

⑨

88. 들깃동잠자리

Sympetrum risi Bartenev, 1914

①

②

③

④

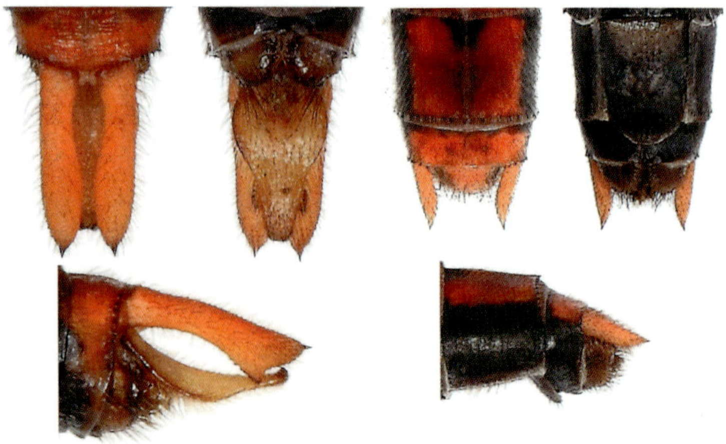

• 성충 몸길이 Adult body length [mm]

	whole body	head & thorax	abdomen & app.	forewing / hindwing
♂	44~44.5	15.5	28.5~29	34~35 / 33~34
♀	40~41.5	14.5	25.5~27	34 / 33

전국적으로 분포하고 서식지는 흔하고 개체밀도는 약간 낮다. 8월말에서 10월까지 짝짓기한다. 평지와 산지의 습지와 연못에 서식한다. 암수 연결 혹은 단독으로 물 주변 풀밭에 알을 뿌린다. 1년 1세대이고 알로 월동한다.

[유충] 몸길이 17~19 mm. 등가시는 제4~8배마디에 있고, 옆가시는 제8~9배마디에 있다. 진흙바닥에 서식한다.

• Distributed nationwide, habitats common, & population density rather low; • Mating from late Aug. to Oct.; • Inhabiting marshes & ponds at lowland & mountains; • Scattering eggs, in tandem or alone, on nearby grass fields; • 1 generation in a year & overwintering as eggs

[Larva] • Body length 17~19 mm; • Dorsal spines on S4 to S8 & lateral spines on S8 to S9; • Inhabiting muddy substrates.

⑤

① ♂. 2010-8-7. 경기 용인 ② ♀. 2010-8-7. 경기 용인 ③ ④ ♂♀
⑤ 유충. 2018-6-30. 서울 강동 ⑥ ♂ 우화. 2018-6-12; ♀ 우화. 2018-6-13
⑦ 분포 ⑧ ♂. 2011-9-24. 서울 마포 ⑨ ♂♀. 산란. 2011-10-13. 서울 강동

⑥

⑦

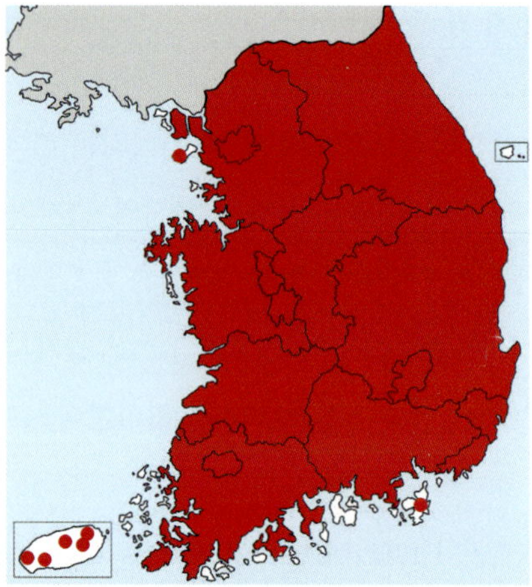

⑧

⑨

89. 산깃동잠자리(깃동잠자리붙이)

Sympetrum baccha (Selys, 1884)

③

④

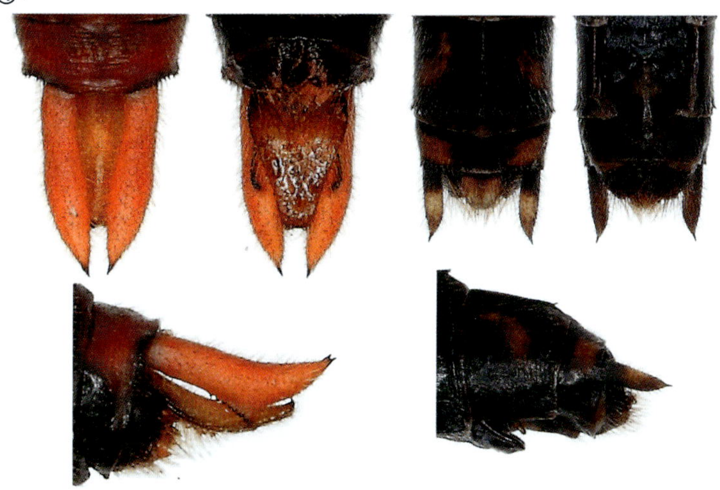

• 성충 몸길이 Adult body length [mm]

	whole body	head & thorax	abdomen & app.	forewing / hindwing
♂	39~43	14~15	25~28	31~34 / 30~33
♀	36~40	13~13.5	23~26.5	29~34 / 28~33

전국적으로 분포하고 서식지는 드물고 개체밀도는 약간 낮다. 8월말에서 10월초까지 짝짓기한다. 평지와 산지의 연못에 서식한다. 암수 연결되어 수면에 산란한다. 1년 1세대이고 알로 월동한다. '붙이'란 이름에서 알 수 있듯이(깃동과 닮았지만 깃동은 아니란 의미), 깃동, 들깃동과 거리가 먼 종이다. 성충의 옆가슴 무늬와 날개끝 실루엣은 비슷하지만, 성충 부속기는 많이 다르고 유충은 옆가시가 작고 등가시는 없다.

[유충] 몸길이 16~18 mm. 등가시는 없고, 옆가시는 제8~9배마디에 있다. 진흙바닥에 서식한다. 사냥지 않다.

• Distributed nationwide, habitats rare, & population density rather low; • Mating from late Aug. to early Oct.; • Inhabiting ponds at lowland & mountains; • Ovipositing in tandem on water surface; • 1 generation in a year & overwintering as eggs; • Despite similar

⑤

maculation pattern on pterothorax & silhouette on wing tips, ***S. baccha*** is very distant from ***S. infuscatum & S. risi.***; Anal appendages of adult are very different & larva has smaller lateral spines & no dorsal spine.

[Larva] • Body length 16~18 mm; • Dorsal spine absent & lateral spines on S8 to S9; • Inhabiting muddy substrates; • Not ferocious

① ♂. 2011-9-23. 서울 중랑 ② ♀. 2011-9-25. 서울 중랑 ③ ④ ♂♀
⑤ 유충. 2016-7-1. 서울 중랑 ⑥ ♀ 우화. 2017-7-11 ⑦ 분포
⑧ ♂. 2012-9-20. 서울 중랑 ⑨ ♂♀. 산란비행. 2015-10-3. 서울 중랑

⑥

⑦
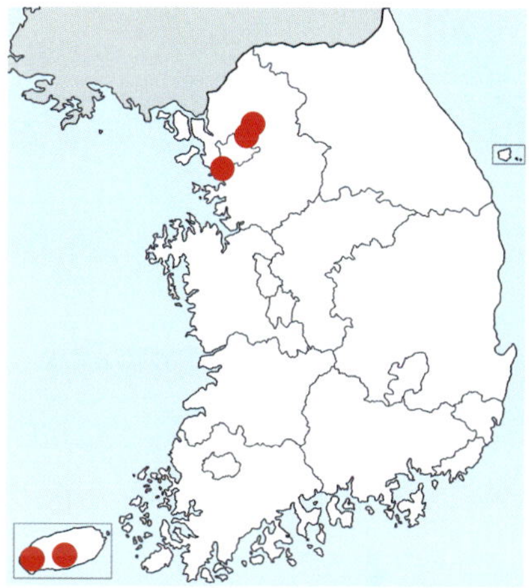

⑧

⑨

90. 날개띠좀잠자리

Sympetrum pedemontanum (Muller in Allioni, 1766)

③

④

• 성충 몸길이 Adult body length [mm]

	whole body	head & thorax	abdomen & app.	forewing / hindwing
♂	34~37	12~13	22~24	26~30 / 25~29
♀	34~36	12	22~24	29~30 / 28~29

전국적으로 분포하고 서식지는 흔하고 개체밀도는 보통이다. 8월에서 9월까지 짝짓기한다. 평지 하천에 서식한다. 암수 연결되어 수면에 산란한다. 1년 1세대이고 알로 월동한다. 경계심이 크지 않다.

[유충] 몸길이 14~15 mm. 등가시는 제4~8배마디에 있고, 옆가시는 제8~9배마디에 있다. 모래바닥에 서식한다. 하천에서 5월에는 대륙좀 아종령과 종령이 떠지고, 6월에 들어서 대륙좀이 거의 다 우화해서 나간 시점부터 날개띠좀 유충이 나오기 시작한다.

• Distributed nationwide, habitats common, & population density medium; • Mating from Aug. to Sep.; • Inhabiting streams at lowland; • Ovipositing in tandem on water surface; • 1 generation in a year & overwintering as eggs; • low sense of wariness;

⑤

[Larva] • Body length 14~15 mm; • Dorsal spines on S4 to S8 & lateral spines on S8 to S9; • Inhabiting sandy sediment; • *S. striolatum* final & penultimate instar larvae occupy streams during May, & *S. pedemontanum* larvae appear from June.

① ♂. 2011-9-3. 경기 양평 ② ♀. 2011-8-30. 경기 양평 ③ ④ ♂♀
⑤ 유충. 2017-6-12. 서울 은평. **a** - 등가시 편차 ⑥ ♂ 우화. 2017-6-25
⑦ 분포 ⑧ ♂. 2010-9-7. 경기 용인 ⑨ ♂♀. 교미. 2012-9-20. 서울 중랑

⑥

⑦
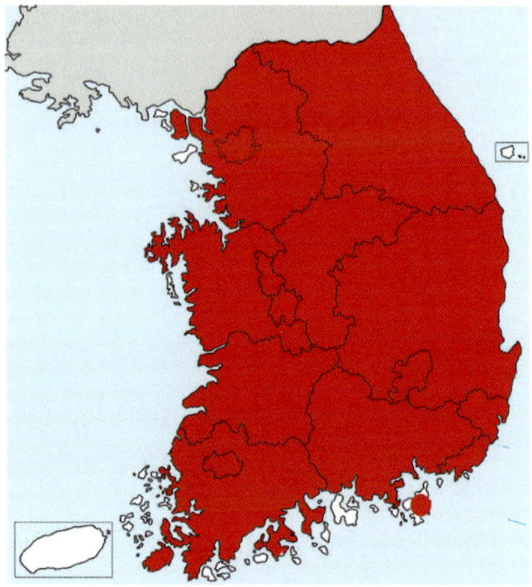

⑧

⑨

91. 하나잠자리

Sympetrum speciosum Oguma, 1915

①

②

③

④

• 성충 몸길이 Adult body length [mm]

	whole body	head & thorax	abdomen & app.	forewing / hindwing
♂	45.5~47	17~18	28.5~29	35 / 34
♀	43~44	16.5	26.5~27.5	35~36 / 34~34

전국적으로 분포하고 서식지는 흔하고 개체밀도는 보통이다. 7월 중순에서 9월 초까지 짝짓기한다. 평지와 산지의 연못에 서식한다. 암수 연결되어 수면에 산란한다. 1년 1세대이고 유충으로 월동한다.

[유충] 몸길이 17~19 mm. 옆가시는 제8~9배마디에 있다. 등가시는 변차가 크다. 지역에 따라 등가시가 없기도 하고, 제4~7배마디 혹은 제4~8배마디에 있기도 한데, 길이와 굵기에도 편차가 크다 (Fig ⑤a). 매우 특이한 경우이다. 진흙바닥에 서식한다. 유충은 사납고 경쟁력이 있다. 이런 이유에서 2000년대 초에 제주에서 비래 개체가 보고된 이후, 급속도로 서식지가 넓혀졌고 개체수도 많아졌다.

• Distributed nationwide, habitats common, & population density medium; • Mating from mid Jul. to early Sep.; • Inhabiting ponds at lowland & mountains; • Ovipositing in tandem on water surface; • 1 generation in a year & overwintering as larvae

⑤

[Larva] • Body length 17~19 mm; • Lateral spines on S8 to S9; • Huge variation in dorsal spines, depending on localities, absent or present, on S4 to S7 or on S4 to S8, & variation in shape & length (Fig ⑤a); very extraordinary case; • Inhabiting muddy substrates; • Aggressive & pretty competitive, thus since 1st report at Jeju in early 2000s, colonising mainland quickly & vastly

① ♂. 2012-8-23. 서울 마포 ② ♀. 2011-8-15. 제주 북제주 ③ ④ ♂♀
⑤ 유충. 2017-7-9. 경기 용인. a - 등가시 편차 ⑥ ♀ 우화. 2017-7-13 ⑦ 분포
⑧ ♂. 2009-7-13. 제주 북제주 ⑨ ♂♀. 신혼비행. 2012-8-13. 서울 마포

⑥

⑦

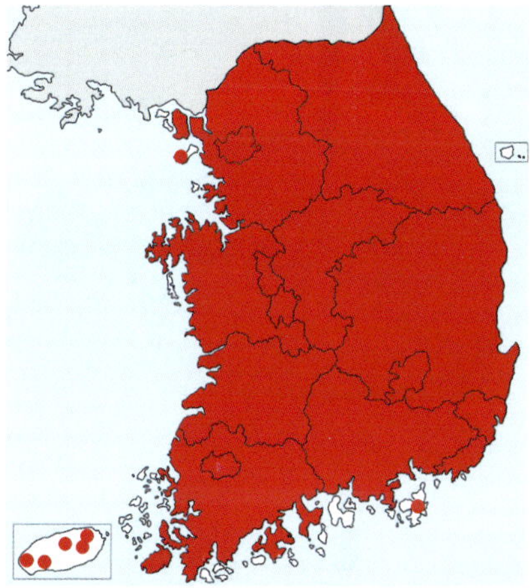

⑧

⑨

92. 대륙좀잠자리

Sympetrum striolatum (Charpentier, 1840)

①

②

③

④

• 성충 몸길이 Adult body length [mm]

	whole body	head & thorax	abdomen & app.	forewing / hindwing
♂	43~46	15.5~16	27.5~30	31~32 / 30~31
♀	44~47	14.5~15.5	29.5~31.5	32~34 / 31~33

전국적으로 분포하고 서식지는 흔하고 개체밀도는 보통이다. 9월에서 10월까지 짝짓기한다. 평지 하천이 주서식지이다. 암수 연결되어 수면에 산란한다. 1년 1세대이고 알로 월동한다.

[유충] 몸길이 17~18 mm. 등가시는 제4~8배마디에 있고, 옆가시는 제8~9배마디에 있다. 제8배마디 등가시는 편차가 크다(Fig. ⑤a). 모래바닥에 서식한다.

• Distributed nationwide, habitats common, & population density medium; • Mating from Sep. to Oct.; • Inhabiting, mainly, streams at lowland; • Ovipositing in tandem on water surface; • 1 generation in a year & overwintering as eggs

[Larva] • Body length 17~18 mm; • Dorsal spines on S4 to S8 & lateral spines on S8 to S9; variation in dorsal spine on S8 (Fig. ⑤a); • Inhabiting sandy sediment

⑤

① ♂. 2013-9-18. 경기 구리 ② ♂. 2010-9-30. 경기 시흥
③ ④ ♂♀. 2010. 9. 30. 경기 시흥 ⑤ 유충. 2017-5-28. 서울 은평
⑥ ♀ 우화. 2017-6-23 ⑦ 분포 ⑧ ♂. 2014-8-30. 서울 마포
⑨ ♀. 2010-9-28. 경기 시흥

⑥

⑦
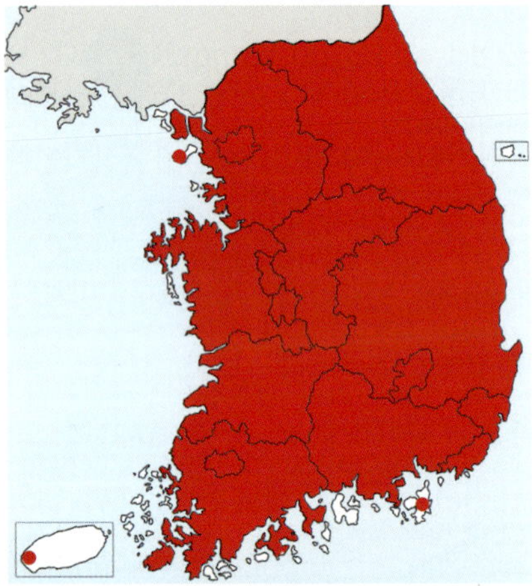

⑧

⑨

93. 노란잠자리

Sympetrum croceolum (Selys, 1883)

①

②

③

④

• 성충 몸길이 Adult body length [mm]

	whole body	head & thorax	abdomen & app.	forewing / hindwing
♂	41~45	15~16.5	26~28.5	29~30 / 28~29
♀	41~43	14~15	27~28	29~31 / 28~30

전국적으로 분포하고 서식지는 흔하고 개체밀도는 보통이다. 9월 중순에서 10월까지 짝짓기한다. 평지와 산지의 연못에 서식한다. 암수 연결되어 수면에 산란한다. 1년 1세대이고 알로 월동한다.

[유충] 몸길이 17~19 mm. 등가시는 제4~9배마디에 있고, 옆가시는 제8~9배마디에 있다. 제9배마디 등가시는 편차가 크고, 나머지 등가시도 꺾인 정도와 길이에 편차가 크다(Fig. ⑤a). 진흙바닥에 서식한다.

• Distributed nationwide, habitats common, & population density medium; • Mating from mid Sep. to Oct.; • Inhabiting ponds at lowland & mountains; • Ovipositing in tandem on water surface; • 1 generation in a year & overwintering as eggs

[Larva] • Body length 17~19 mm; • Dorsal spines on S4 to S9 & lateral spines on S8 to S9; • Variation in dorsal spine on S9, long or

⑤

short & variation in shape & length in other dorsal spines (Fig. ⑤a); • Inhabiting muddy substrates

① ♂. 2013-9-19. 서울 마포 ② ♀. 2013-9-20. 서울 마포 ③ ④ ♂♀
⑤ 유충. 2017-7-10. 경기 동두천. **a** – 등가시 편차 ⑥ ♂ 우화. 2017-7-8
⑦ 분포 ⑧ ⑨ ♂♀. 산란비행. 2011-9-24. 서울 마포

⑥

⑦
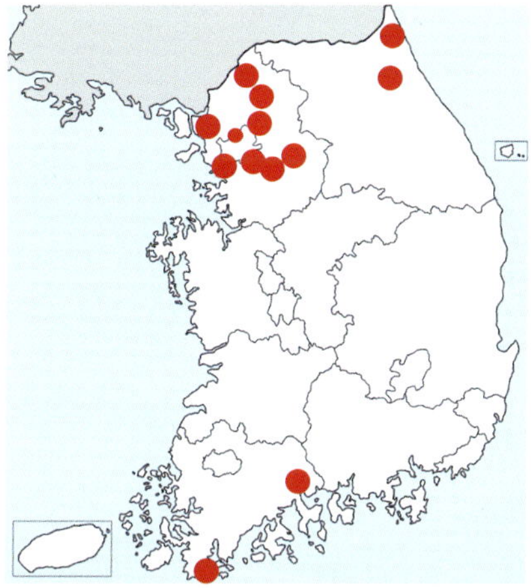

⑧

⑨

94. 진노란잠자리

Sympetrum uniforme (Selys, 1883)

③

④

• 성충 몸길이 Adult body length [mm]

	whole body	head & thorax	abdomen & app.	forewing / hindwing
♂	49~52	16.5~18	32.5~34	34~38 / 33~37
♀	49~51	16.5~17	32.5~34	37~38 / 36~37

중부지방에 분포하고 서식지는 매우 희소하고 개체밀도는 매우 낮고, 급속하게 개체수가 감소하고 있다. 9월 중순에서 10월까지 짝짓기한다. 평지 연못에 서식한다. 암수 연결되어 수면에 산란한다. 1년 1세대이고 알로 월동한다. 수놈은 물가에 아주 잠깐 머물며, 오히려 암놈이 오래 머무는 경우가 많다.

[유충] 몸길이 20~24 mm. 등가시는 제4~9배마디에 있고, 옆가시는 제8~9배마디에 있다. 제9배마디 등가시는 편차가 크고, 나머지 등가시도 꺾인 정도와 길이에 편차가 크다(Fig. ⑤a). 진흙바닥에 서식한다. 개체수도 적은 종이 한 곳에 집중 산란하지 않고 매우 넓은 지역을 돌아다니며 간헐적으로 산란하기 때문에 유충채집이 매우 어렵다. 2017-10-4. 채란; 2018-1-15. 부화 시작; 2018-4-1. 우화 시작.

• Distributed in middle region, habitats scarce, population density very low, & population rapidly decreasing; • Mating from mid Sep. to Oct.; • Inhabiting ponds at lowland; • Ovipositing in tandem on water surface; • 1 generation in a year & overwintering as eggs; • Males

⑤

appearing at waterside only shortly, while females staying rather longer in most localities

[Larva] • Body length 20~24 mm; • Dorsal spines on S4 to S9 & lateral spines on S8 to S9; • Variation in dorsal spine on S9, long or short & variation in shape & length on other dorsal spines (Fig. ⑤a); • Inhabiting muddy substrates; • Ovipositing sporadically, roaming wide area, thus very difficult to find larvae; • Receiving eggs from ovipositing females on 2017-10-4, hatching from 2018-1-15, & emerging from 2018-4-1; • Fig. ⑩. Eggs, larva hatched, larva when 9 mm & 14 mm

⑥

⑦
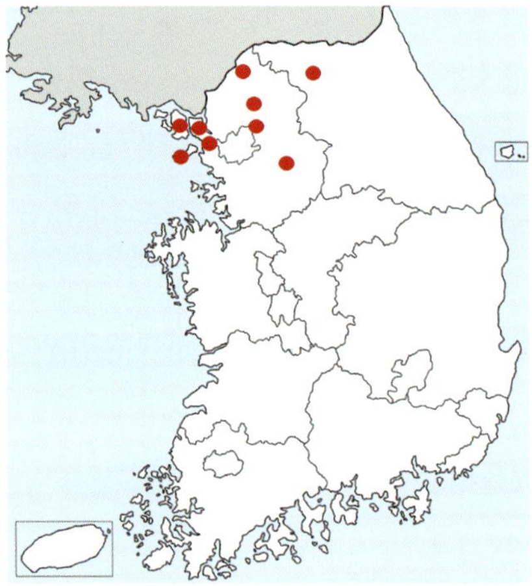

⑧

⑨

① ♂. 2013-9-21. 인천 중구 ② ♀. 2013-9-21. 인천 중구 ③ ④ ♂♀
⑤ 유충. 2018-3-9. 인천 중구. **a** - 등가시 편차 ⑥ ♂ 우화. 2018-4-1; ♀ 우화. 2018-4-22 ⑦ 분포 ⑧ ♀. 2012-9-10. 인천 중구 ⑨ ⑪ ♂♀. 산란비행. 2018-9-25/29. 인천 중구 ⑩ 산란된 알, 부화한 유충, 유충 성장: 9 mm, 14 mm

⑩

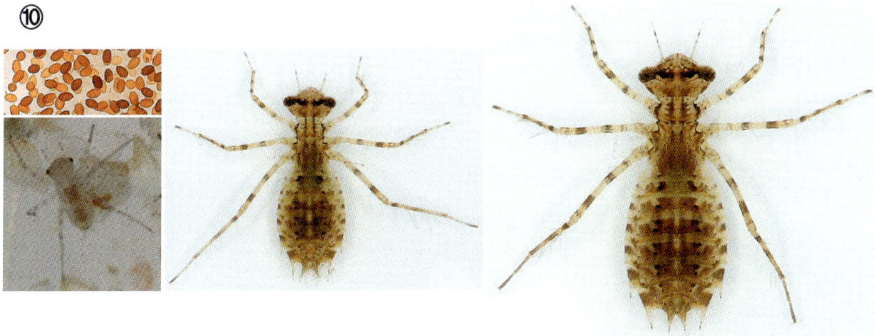

⑪

잠자리과 구분

Distinction in Family Libellulidae

a – 대모; b – 넉점박이

a – *L. angelina*; b – *L. quadrimaculata*

a b

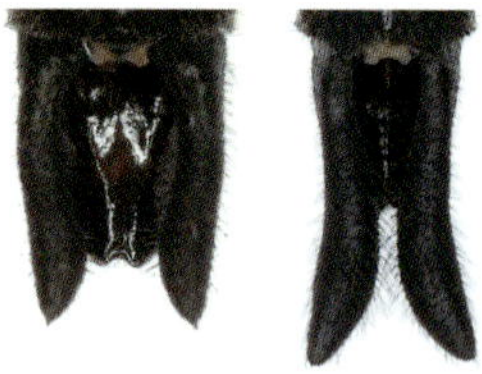

[성충] 부속기 윗면

[Adult] Cerci & epiproct in dorsal view

[유충] 등가시: a – 제3~9배마디. 반투명하고 길다; b – 제3~8배마디.

[Larva] Dorsal spines: a – on S3 to S9, translucent & longer; b – on S3 to S8

a – 밀; b – 큰밀; c – 중간밀; d – 홀쭉밀

a – *O. albistylum*; b – *O. melania*; c – *O. internum*; d – *O. lineostigma*

a b c d

[유충] 머리, 배 뒷부분: a & b – 옆가시가 크다.; b – 등가시가 있다.

[Larva] Head, distal part of abdomen: a & b – Lateral spines bigger; b – Dorsal spines on S4 to S7 a – 고추좀; b – 여름좀

a – *S. frequens*; b – *S. darwinianum*

a

b

[성충] 부속기 옆면: b – 상부속기는 아래로 휘어져 있고, 하부속기는 가늘다.

[Adult] Cercus & epiproct in lateral view: b – Cercus curved down & epiproct slender

[유충] 옆가시: a – 제8배마디 가시가 제9배마디 가시보다 짧다.; b – 두 가시 길이가 비슷하게 길다.

[Larva] Lateral spines: a – Spine on S8 shorter than that on S9; b – Both spines almost equally long

a b

a – 두점박이좀; b– 흰얼굴좀; c – 애기좀

a – *S. eroticum*; b – *S. kunckeli*; c – *S. parvulum*

a

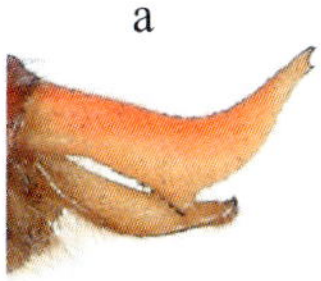

b

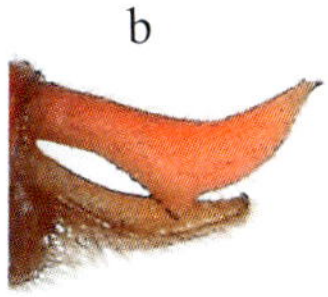

c

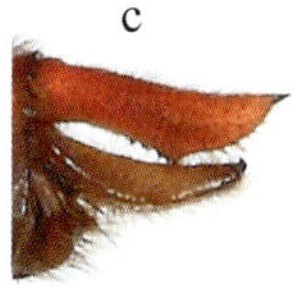

[성충] 부속기 옆면

[Adult] Cercus & epiproct in lateral view

a

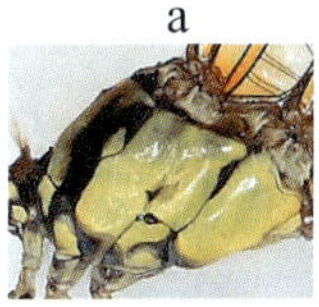

b

c

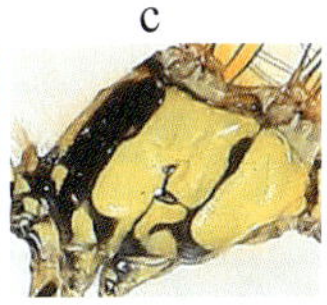

[성충] 옆가슴 무늬

[Adult] Maculation pattern on pterothorax

a b

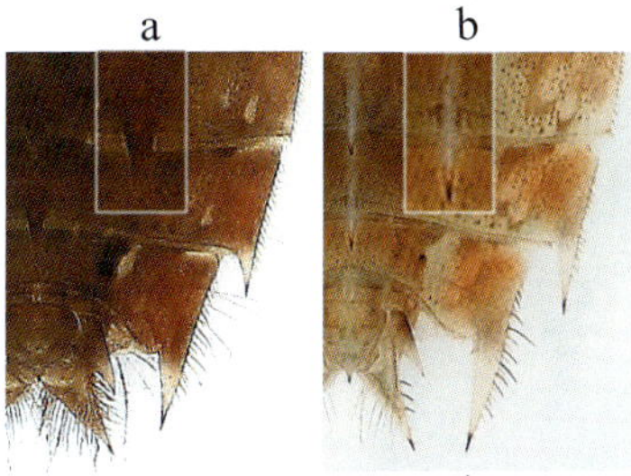

[유충] 등가시 & 옆가시 윗면: a – 등가시 밑동이 굵고 검다; b – 등가시가 가늘고 반투명하며, 옆가시가 길다.

[Larva] Dorsal & lateral spines in dorsal view: a – Dorsal spine base thick & dark; b – Dorsal spine thin & translucent, lateral spines longer

a – 깃동; b – 들깃동
a – *S. infuscatum*; b – *S. risi*

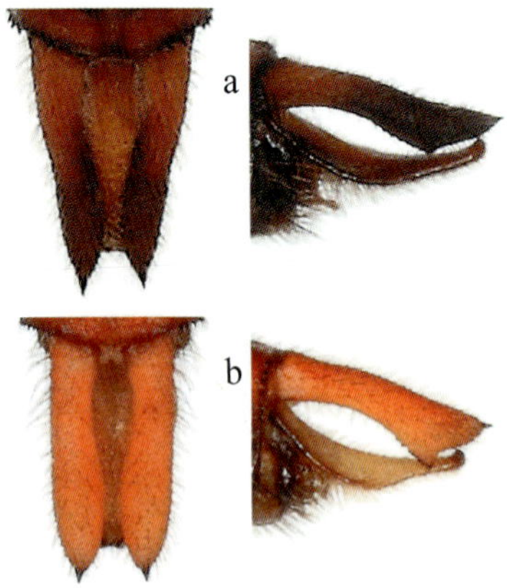

[성충] 부속기 윗면 & 옆면
[Adult] Cercus & epiproct in dorsal & lateral view

[성충] 옆가슴 무늬
[Adult] Maculation pattern on pterothorax

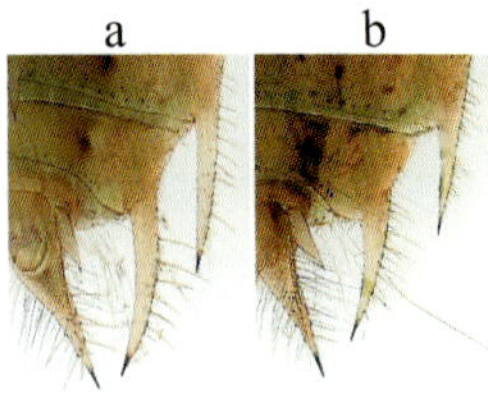

[유충] 옆가시: **a** – 비율 [제8배마디 가시]/[제9배마디 가시] = 0.92~0.98, 두 옆가시 모두 길다.; **b** – 비율 = 0.65~0.83
[Larva] Lateral spines: **a** – Ratio [length of spine on S8]/[that on S9] = 0.92~0.98, both spines longer; **b** – Ratio = 0.65~0.83

들깃동 *S. risi*

[유충] 머리의 밝은 갈색 점무늬: 들깃동 유충 머리의 무늬에 편차가 큰데, 좀잠자리속 대부분 유충에 이러한 편차가 있어 머리 무늬로 좀잠자리속 유충 종을 구분할 수 없다.
[Larva] Light brown maculation pattern on head: Huge variation in maculation for *S. risi*, which is common for most *Sympetrum* species larvae, thus inapplicable to distinguish *Sympetrum* species by maculation on head

a – 깃동; b – 여름좀
a – *S. infuscatum*; b – *S. darwinianum*

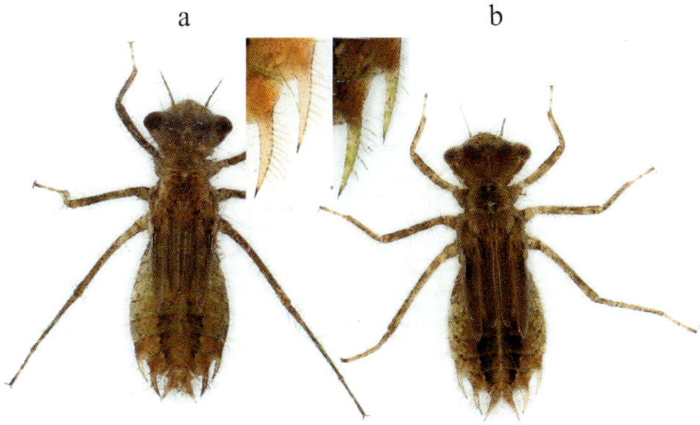

[유충] 체형 & 옆가시: 두 종 모두 제 8,9배마디 옆가시가 길어 구분 기준으로 삼을 수 없다.; a – 몸길이 18~21 mm로서 더 크고, 배는 더 길고 더 타원형이다.; b – 몸길이 16~18 mm, 배는 덜 길고 덜 타원형이며, 우화모드 전에는 원형에 가깝다.

[Larva] Habitus & lateral spines: Both species have long lateral spines on S8 & S9, thus cannot be used to distinguish species.; a – Body length longer, 18~21 mm & abdomen longer, more elliptical; b – Body length 16~18 mm & abdomen shorter, less elliptical; abdomen rather circular before emerging mode

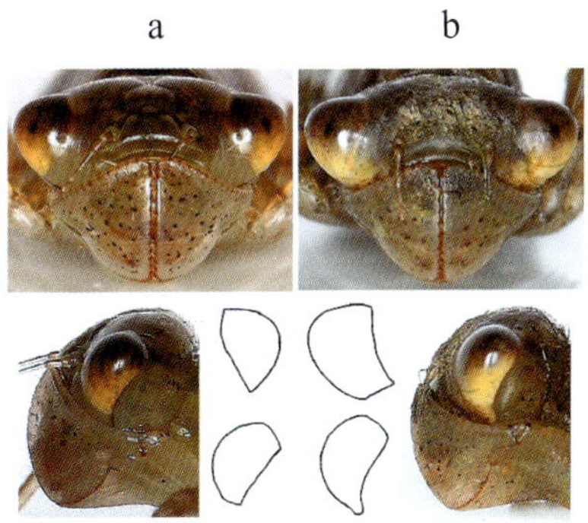

[유충] 머리 앞면 & 옆면: a – 겹눈 밑부분이 브라운색으로 덮혀있고, 머리/얼굴 대비 겹눈 크기가, b보다, 작다. 모양도 다르다.

[Larva] Head in anterior & lateral view: a – Downside of compound eyes covered with brown colour, compound eyes relative to head/face smaller, & shape different, compared to b

노란 *S. croceolum*

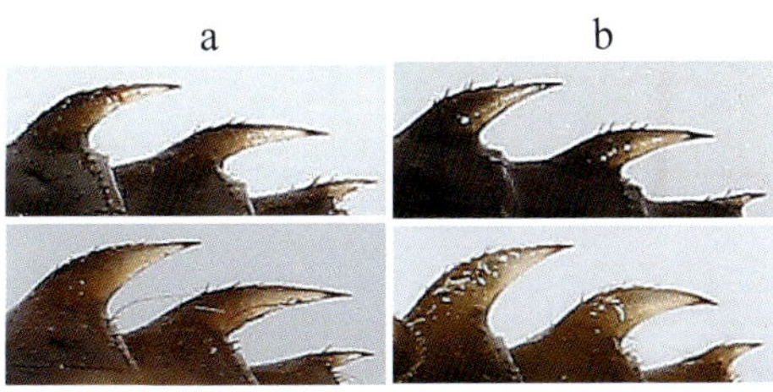

[유충] 등가시 옆면: 형태와 길이에 편차가 크다. 이것은 진노란 유충도 마찬가지이기 때문에 이로써 두 종을 구분할 수 없다.

[Larva] Dorsal spines in lateral view: Huge variation in shape & length. This is also true for *S. uniforme*. Thus, this cannot be used to distinguish *S. croceolum* from *S. uniforme*.

[유충] 옆가시: 형태, 각도, 길이에 편차가 크다. 이것은 진노란 유충도 마찬가지이기 때문에 이로써 두 종을 구분할 수 없다.

[Larva] Lateral spines: Huge variation in shape, angle, & length. This is also true for *S. uniforme*. Thus, this cannot be used to distinguish *S. croceolum* from *S. uniforme*.

a – 노란; b –진노란

a – *S. croceolum*; b – *S. uniforme*

a

b

[성충] 부속기 옆면

[Adult] Cercus & epiproct in lateral view

a

b

[유충] 체형: **a** – 몸길이 17~19 mm. 우화 모드에서도 배는 원형에서 크게 벗어나지 않는다.; **b** – 몸길이 20~24 mm, 배는 길고 타원형인데 매번의 탈피 직후에도 타원형이다.

[Larva] Habitus: **a** – Body length 17~19 mm & abdomen rather circular, less elliptical even in emerging mode; **b** – Body length 20~24 mm & abdomen longer & more elliptical even right after each moult

a b

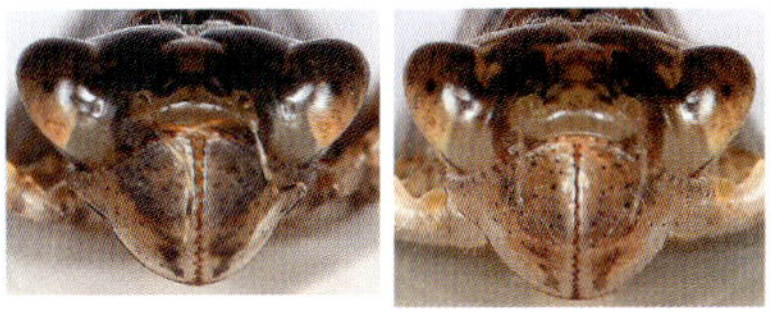

[유충] 머리 앞면: **a** – 너비 대비 높이가, b보다, 짧다. 즉, 머리가 납작하다.

[Larva] Head in anterior view: **a** – Height relative to width shorter, i.e., head flatter, compared to **b**

a b

[유충] 등가시 윗면: **a** – 가시 밑동이 체색보다 진하다.; **b** – 반투명하다

[Larva] Dorsal spines in dorsal view: **a** – Spine base darker than body; **b** – Translucent

a
b

[유충] 등가시 옆면: **b** – 제4배마디 등가시가 가늘고 길다. 하지만, 날개집을 제거하기 전에는 제대로 보이지 않으므로 두 종의 구분 포인트로 삼기 어렵다.

[Larva] Dorsal spines in lateral view: **b** – Dorsal spine on S4 thinner & longer, but cannot be seen unless eliminating wing sheath, thus inapplicable to distinguish the two species alive by this point

부록
Appendix

부록 Appendix

I. 북한의 잠자리

Odonata in North Korea that do not inhabit South Korea

95. 애별백이왕잠자리 *Aeshna caerulea* (Ström, 1783)
96. 북청실잠자리(북파란실잠자리) *Lestes dryas* Kirby, 1890
97. 청실잠자리 *Lestes sponsa* (Hansemann, 1823)
98. 시골실잠자리 *Coenagrion ecornutum* (Selys in Selys & McLachlan, 1872)
99. 북방청띠실잠자리 *Coenagrion hastulatum* (Charpentier, 1825)
100. 큰실잠자리(청띠실잠자리) *Coenagrion hylas* (Trybom, 1889)
101. 알락실잠자리 *Enallagma cyathigerum* (Charpentier, 1840)
102. 청동실잠자리 *Nehalennia speciosa* (Charpentier, 1840)
103. 청동잠자리 *Cordulia aenea* (Linnaeus, 1758)
104. 북방잠자리 *Somatochlora alpestris* (Selys, 1840)
105. 밑노란잠자리붙이(작은북방잠자리) *Somatochlora arctica* (Zetterstedt, 1840)
106. 진주잠자리 *Leucorrhinia dubia* (Vander Linden, 1825)
107. 큰진주잠자리 *Leucorrhinia intermedia* Bartenev, 1912
108. 검정좀잠자리(검은고추잠자리) *Sympetrum danae* (Sulzer, 1776)
109. 붉은좀잠자리(북방고추잠자리) *Sympetrum flaveolum* (Linnaeus, 1758)
110. 만주좀잠자리 *Sympetrum vulgatum imitans* (Selys, 1886)
111. 백두산옛잠자리 *Epiophlebia sinensis* Li & Nel, 2011

II. 비래 기록 종

Odonata with migration records

112. 점박이황등색실잠자리 *Mortonagrion hirosei* Asahina, 1972
113. *Trithemis aurora* (Burmeister, 1839)

114. *Tramea transmarina* Brauer, 1867

III. 비래하거나 정착 가능한 종

Odonata with possibility of migrating or colonising in the future

115. *Anaciaeschna jaspidea* (Burmeister, 1839)
116. *Planaeschna milnei* (Selys, 1883)
117. 점박이잠자리 *Tholymis tillarga* (Fabricius, 1798)
118. *Orthetrum sabina* (Drury, 1733)
119. *Lyriothemis elegantissima* Selys, 1883
120. *Somatochlora uchidai* Förster, 1909

IV. 삭제되어야 할 종

Odonata that should be eliminated from the Korean odonate list

121. 독수리잠자리 *Chlorogomphus brunneus* Oguma, 1926
122. 담색물잠자리 *Mnais pruinosa* Selys, 1853
123. 검은날개물잠자리 *Matrona basilaris* Selys, 1853
124. *Stylurus occultus* (Selys, 1878)
125. *Gynacantha basiguttata* Selys, 1882
126. 북알락실잠자리 *Enallagma deserti* (Selys, 1871)
127. 북해도북방잠자리 *Somatochlora japonica* Matsumura, 1911

I. 북한의 잠자리

Odonata in North Korea that do not inhabit South Korea

95. 애별백이왕잠자리

Aeshna caerulea (Strom, 1783)

①

조복성(1958)은 애별백이왕잠자리라 기재하였고, 북한의 大澤, 北溪水에서 채집되었다는 기록이 있다. Asahina(1989)는 ***Aeshna caerulea***라는 학명으로 소개하였고 북부 1,700 m 이상의 고지에 서식한다고 기재하였다.

① ♂. 2017-12-5.
https://dina-web.net/naturalist/species/f2b347c3-8b08-4431-baf1-d00c763f4898
Wikimedia Commons. https://commons.wikimedia.org. ©Goran Liljeberg

② ♀. 2010-7-27. Altai Mts., Katon-Karagay District, Kazakhstan. ©Oleg Kosterin

96. 북청실잠자리(북파란실잠자리)

Lestes dryas Kirby, 1891

이승모(2001)는 북한 온수평에서의 문헌 기록(Ju, 1993)을 언급하였다. Oleg Kosterin은 ***L. dryas***가 북한에 서식할 것으로 판단하였다. .

① ♂. ② ♀. 2010-11-17. http://www.freenatureimages.eu. ©Ab H. Baas

97. 청실잠자리

Lestes sponsa (Hansemann, 1823)

1936년 Masaki에 의한 전남 지방에서의 기록은 있으나 그 후 관찰된 바 없다. 북한에서는 광범위하게 서식하고 있다. 유럽 중부에서 아시아까지 분포하고 있다.

① ♂. 2006-12-15. Saxifraga. http://www.freenatureimages.eu. ©Edo van Uchelen

② ♀. 2010-11-17. http://www.freenatureimages.eu. ©Ab H. Baas

98. 시골실잠자리

Coenagrion ecornutum (Selys in Selys & McLachlan, 1872)

북한에 서식하며 6~7월에 활동한다(이승모, 2001).

① ♂. 2017-6-26. ② ♂. 2017-7-26. Novosibirsk, West Siberia, Russia. ©Oleg Kosterin

99. 북방청띠실잠자리

Coenagrion hastulatum (Charpentier, 1825)

Asahina(1989)는 한반도에서 1941년, 1943년에 각 수놈 1개체씩의 채집기록을 언급하였다. Oleg Kosterin에 따르면, 희소하지만 러시아 Far East에도 분포하고 있으므로 북한에서의 서식가능성은 높다고 한다.

① ♂. 2009-6-1. ② ♀. 2013-6-7. Own work. northern Lower Saxony, Germany. Wikimedia Commons. https://commons.wikimedia.org. ©Loz (L.B. Tettenborn)

100. 큰실잠자리(청띠실잠자리)

Coenagrion hylas (Trybom, 1889)

북한에 국지적으로 서식하며 6월말에서 7월까지 활동한다(이승모, 2001).

① ② ♂. 2015-7-22. observado.org. Tirol, Austria. Wikimedia Commons. https://commons.wikimedia.org. ©Tim Adriaens

101. 알락실잠자리

Enallagma cyathigerum (Charpentier, 1840)

Asahina(1989)에 백두산 삼지연과 성북(成北)에서의 기록이 있다. Oleg Kosterin에 의하면, 유럽에서 North East Asia까지 분포하며 Kamchatka에는 다수 개체가 서식하고 Amur 강 유역에도 서식한다고 한다. 과거에 많이 사용되던 학명은 ***Agrion antiquum*** Bartenev, 1956과 ***Enallagma nigrolineatum*** Belyshev & Haritonov, 1975였으며, 현재는 synonym 처리된 상태다.

① ♂. 2006-5-17. http://www.freenatureimages.eu. ©Tim Termaat

② ♀. 2007-5-17. http://www.freenatureimages.eu. ©Andre den Ouden

102. 청동실잠자리

Nehalennia speciosa (Charpentier, 1840)

북한에 서식하며 7~8월에 활동한다(이승모, 2001). 유럽과 일본, 북한에 분포하고 있다.

① ♂. 2006-6-18. http://www.freenatureimages.eu. ©Jaap Bouwman

② ♀. 2007-6-24. http://www.freenatureimages.eu. ©Tim Termaat

103. 청동잠자리

Cordulia aenea (Linnaeus, 1758)

북한에 서식하며 5월에서 8월초까지 활동한다(이승모, 2001). 유럽 대부분에 분포하고 있다.

① ♂. 2005-3-21. Saxifraga. http://www.freenatureimages.eu. ©Frits Bink

② ♀. 2006-5-3. http://www.freenatureimages.eu. ©Jaap Bouwman

104. 북방잠자리

Somatochlora alpestris (Selys, 1840)

북한에 서식하며 7~8월에 해발 1,000 m 이상의 고지에서 활동한다(이승모, 2001). 유럽의 고산지, 스칸디나비아 남부, 아시아의 시베리아 남부에 분포하고 있다.

① ② ♂. 2017-7-6. http://www.freenatureimages.eu. ©Jaap Bouwman

105. 밑노란잠자리붙이(작은북방잠자리)

Somatochlora arctica (Zetterstedt, 1840)

북한에 서식하며 7월에서 9월초까지 활동한다(이승모, 2001). 유라시아대륙 북반구와 서유럽에 분포한다.

① ♂. 2008-2-29. http://www.freenatureimages.eu. ©Antoin van der Heijden

② ♀. 2009-5-20. Saxifraga. http://www.freenatureimages.eu. ©Mark Zekhuis

106. 진주잠자리

Leucorrhinia dubia (Vander Linden, 1825)

Asahina(1990)는 북한 기록을 언급하였다.

① ♂. 2013-11-11. Saxifraga. http://www.freenatureimages.eu. ©Harry van Oosterhout

② ♀. 2010-11-18. http://www.freenatureimages.eu. ©Ab H. Baas

107. 큰진주잠자리

Leucorrhinia intermedia Bartenev, 1912

북한에 서식하며 6월말에서 7월 중순이 주 활동시기이다(이승모, 2001). 일본은 홋카이도의 Kushiro-shitsugen National Park에 서식하고 있다. Oleg Kosterin에 의하면, 큰진주잠자리(*L. intermedia*)는 *L. rubicunda* (Linnaeus, 1758)와 가까운 종이며 진주잠자리(*L. dubia*)와는 관련이 거의 없는 종이라고 한다.

① ♂. 2017–6–20. Hokkaido, Japan. ©Samson So

② ♀. 1996–7–15. SE Transbaikalia, Chita Province, Russia. ©Oleg Kosterin

108. 검정좀잠자리(검은고추잠자리)

Sympetrum danae (Sulzer, 1776)

북한 고지대에서 기록이 있고 7월말에서 10월말까지 활동한다(이승모, 2001). 북유럽, 아시아, 북미 대륙에 광범위하게 분포하고 있다.

① ♂. 2006–7–14. Saxifraga. http://www.freenatureimages.eu. ©Bas Klaver

② ♀. 2006–12–16. Saxifraga. http://www.freenatureimages.eu. ©Luc Hoogenstein

109. 붉은좀잠자리(북방고추잠자리)

Sympetrum flaveolum (Linnaeus, 1758)

북한에 서식하며 해발 2,000 m 이상의 고지에서 7~8월에 활동한다(이승모, 2001). 유럽과 중국 중북부에 분포하고 있다.

① ♂. 2009-8-15. Saxifraga. http://www.freenatureimages.eu. ©Rob Felix

② ♀. 2006-12-16. Saxifraga. http://www.freenatureimages.eu. ©Luc Hoogenstein

110. 만주좀잠자리

Sympetrum vulgatum (Selys, 1886)

조복성(1958)에 서울 三聖山에서의 ***S. vulgatum imitans*** 채집 기록이 있다. Oleg Kosterin에 의하면, 시베리아와 중앙아시아에도 널리 분포하고 있으며, eastern subspecies인 ***S. vulgatum imitans***는 북한에 서식할 가능성이 크다고 한다.

① ♂. 2009-8-18. Saxifraga. http://www.freenatureimages.eu. ©Rob Felix
② ♀. 2013-8-8. Saxifraga. http://www.freenatureimages.eu. ©Jan van der Straaten

111. 백두산옛잠자리
Epiophlebia sinensis Li & Nel, 2011

중국의 Heilongjiang 지역에 서식하고 있으며, Fleck et al.(2013)은 북한 삼지연지역에서의 ***E. sinensis*** 채집을 보고하였다.

II. 비래 기록 종
Odonata with migration records

112. 점박이황등색실잠자리
Mortonagrion hirosei Asahina, 1972

아열대와 난대에 분포하며 일본 도쿄도에도 서식하나 Akihiko Sasamoto에 따르면, 급격히 개체수가 줄어 희귀종이 되어가고 있다고 한다. 민물과 바닷물이 만나는 기수역(汽水域)에 서식한다. 2010년대 중반 전남 광양에서의 미성숙 수놈 채집기록이 있다. 이 지역 일대를 수차례 여러 잠자리인이 조사하였지만 추가로 발견되지 않았다.

• Record of an immature male at Gwangyang, southwestern region in mid 2010; No further observation since then

① ♂. 2017-4-27. Flickr. Mong Tseng Tsuen, Hong Kong. Wikimedia Commons. https://commons.wikimedia.org. ©CharlesLam

113. *Trithemis aurora* (Burmeister, 1839)

• 성충 몸길이 Adult body length [mm]

	whole body	head & thorax	abdomen & app.	forewing / hindwing
♂	39	13	26	29 / 28

아열대와 열대에 분포한다. 열대의 말레이시아와 아열대의 오키나와에서 관찰한 경험에 의하면 계류와 정수성 환경 모두에 서식하고 있는 것으로 보인다. 태풍 '다나스'가 오키나와를 거쳐 제주에 상륙한 후인 2019년 7월 24일 제주 교래에서 김대호가 촬영하였다.

① ② ♂. 2011-7-1. Okinawa, Japan ③ ♂. ④ ♀. 2011-6-28. Okinawa, Japan

114. *Tramea transmarina* Brauer, 1867

2019년 10월 26일 제주 표선에서 장재원이 관찰하고 채집하였다.

• Collected by Jae-Won Jang at Pyoseon, Jeju Island on 2019-10-26

① 2019-8-7. Taiwan.
https://commons.wikimedia.org/wiki/File:Tramea_transmarina_male.jpg. ©John Tann

Ⅲ. 비래하거나 정착 가능한 종

Odonata with possibility of migrating or colonising in the future

115. *Anaciaeschna jaspidea* (Burmeister, 1839)

• 성충 몸길이 Adult body length [mm]

	whole body	head & thorax	abdomen & app.	forewing / hindwing
♂	68	19	49	45 / 44
♀	69	19	50	47 / 46

일본 오키나와에서의 관찰에 의하면, 낮에는 전혀 비행모습을 관찰할 수 없고 어두운 저녁에 논에 나타나 벼 사이를 어지럽게 헤집고 다니며 수놈은 암놈을 찾았고 암놈도 논에 산란하고 있었다. 대표적인 이동성 잠자리로서 오키나와와 타이완 등지에서 일본 본토로 상당수의 개체가 2010년대 전에는 비래했었고 이후 비래 개체는 급격히 줄어 관찰이 어려워졌다. 과거 비슷한 시기에 제주와 남해안 지역에 비래했었을 가능성이 크다.

③

• Highly migratory; Before 2010, many migrated into mainland Japan; Males territorial flight & females oviposition at paddy fields in the evening

① ④ ♂. ② ⑤ ♀. ③ ♂♀. 2011-6-28~29. Okinawa, Japan

④

⑤

116. *Planaeschna milnei* (Selys, 1883)

①

②

③

• 성충 몸길이 Adult body length [mm]

	whole body	head & thorax	abdomen & app.	forewing / hindwing
♀	77	18	59	51 / 50

일본 간토지방에서의 관찰에 의하면 계곡 상류 하늘을 나무가 가리는 어두운 지역에 서식하고 있었다. 일본 전역에 서식하는 점을 고려하면 한국으로의 비래 가능성은 높지만, 일 년 중 한 달 반 이상의 가뭄시기가 두 세 차례 있는 한국의 계곡 상류는 말라버리는 경우가 많아 정착하지 못한 것으로 판단된다.

• Inhabiting upper valley streams across mainland Japan. In Korea, there are two or more drought periods in a year, each of which lasts for more than a month. Thus upper-most valley streams are mostly dried out. My speculation is, this species has possibly been migrating into Korea, but failed to colonise.

① ♂. 미성숙. 2012-8-3. Own work. Mie Prefecture, Japan.
Wikimedia Commons. https://commons.wikimedia.org. ©Alpsdake
② ③ ④ ♀. 2018-7-17. Kanto region, Japan.

117. 점박이잠자리

Tholymis tillarga (Fabricius, 1798)

아열대 종이다. 어느 해 8월 한국에서 채집된 바 있다고 하지만 확인할 수 없다. 일본 오키나와에서 관찰한 경험에 의하면 어두운 저녁 먹이사냥을 하러 나왔고 낮에는 거의 관찰되지 않았다. 일본 본토에 비래하고 있고, 비래 가능성은 있다.

- 1 unclear record; Migrating into mainland Japan; Possible to migrate

① ② ♂. 2011-6-29. Okinawa, Japan.

③ ♂. 2016-9-6. Own work. Kerala, India. Wikimedia Commons. https://commons.wikimedia.org. ©Jeevan Jose

④ ♀. 2016-7-6. Own work. Wikimedia Commons. https://commons.wikimedia.org. ©Vengolis

118. *Orthetrum sabina* (Drury, 1733)

①

②

③

④

• 성충 몸길이 Adult body length [mm]

	whole body	head & thorax	abdomen & app.	forewing / hindwing
♂	51	16.5	34.5	35 / 34
♀	52	16.5	35.5	35 / 34

아열대와 열대에 분포하는 동남아시아에서 가장 흔한 밀잠자리이다. 일본 본토 남부에도 서식하고 있으므로, 한국에 비래한다면 정착할 가능성이 있다.

• Inhabiting southern region of mainland Japan; Possible to colonise if migrating

① ♂. ② ♀. ③ ♂♀. 2013-2-16. Kuala Lumpur, Malaysia
④ ♂. 2011-6-28. Okinawa, Japan

119. *Lyriothemis elegantissima* Selys, 1883

②

①

③

• 성충 몸길이 Adult body length [mm]

	whole body	head & thorax	abdomen & app.	forewing / hindwing
♂	45	17	28	36 / 35

일본 오키나와에서 수놈 한 개체를 채집하였다. 일본 본토 최남단에도 서식하고 있으므로 비래와 정착 가능성이 있다.

• Inhabiting southern region of mainland Japan; Possible to migrate & colonise

①~③ ♂. 2011-7-1. Okinawa, Japan

120. *Somatochlora uchidai* Forster, 1909

일본 본토 전역에 서식하고 있으며, 중국 Jiangxi 성에서 일본인이 채집하여 존재를 확인하였다. 한국으로의 비래 가능성은 있는데, 한국 전역에 밑노란잠자리가 분포함을 감안하면, 소수 비래하여도 결국에는 밑노란과 교잡이 이루어져 순종으로 서식하기는 어려워 보인다.

• Inhabiting mainland Japan, & one individual collected from Jiangxi, China by a Japanese; Possible to migrate, but difficult to colonise as a pure species, since ***S. graeseri*** is vastly distributed in Korea & thus a few migrants may hybridize after all.

IV. 삭제되어야 할 종

Odonata that should be eliminated from the Korean odonate list

121. 독수리잠자리

Chlorogomphus brunneus Oguma, 1926

• 성충 몸길이 Adult body length [mm]

	whole body	head & thorax	abdomen & app.	forewing / hindwing
♂	75~77	18~19.5	56.5~57	48~49 / 47~48
♀	78~82	19~20	59~62	53~57 / 52~56

1993년 제주 서귀포에서 수놈 1마리 기록(이승모, 2001)이 있으나, 신뢰성이 없다. 일본의 독수리잠자리인 ***C. brunneus brunneus, C. brunneus keramensis, C. brunneus costalis, C. iriomotensis, C. okinawensis***는 수십 년 간 많은 전문가들의 관찰에도 서식지를 이탈하여 타지역으로 비래한 기록이 없는 종이다. 필자는

2011년 일본 오키나와에서 독수리잠자리 두 아종을 확인하였다. 암놈은 산지 정상에서 하늘 높이 떠서 바람을 타며 상당 시간 제자리 비행을 하고, 계곡에 나타난 암놈은 잠시 비행을 하다가 앉을 때는 제일 높은 나무의 꼭대기에 앉곤 한다.

①

②

③

④

• 1 record of *C. brunneus costalis* at Jeju-island in 1993 (Lee, 2001), but highly unreliable. No record of migrating into another region for all Japanese ***Chlorogomphus*** species during many decades. This species is not migratory at all.

① ♂. ② ♀. ③ ♂♀. ④⑤ ♀. *C. brunneus brunneus*. 2011-6-29~30. Okinawa, Japan ⑥ ♂♀. 교미. *C. brunneus keramensis*. 2011-6-29. Okinawa, Japan

122. 담색물잠자리

Mnais pruinosa Selys, 1853

아열대와 난대에 서식하는 종이다. 1933년 Doi가 제주도산을 보고하였으나 관찰된 바 없고, 조복성(1958)은 Doi 기록을 쓴 것으로 보인다. Asahina(1989)는 조복성(1958) 기록이 불완전하며 제주 서식을 확인한 바 없다고 하였다. 일본 간토지방에서의 관찰 경험에 의하면 물잠자리의 서식이 끊기는 계곡지점에서 더 상류 쪽에 하늘이 나무로 가려진 수역에 서식하고 있었다. 물흐름이 없는 제주 계곡에서의 서식은 불가능하다.

• Doi's comment without physical evidence (1933) was criticized. This species was never found in Korea.

① ♂. 2012-5-27. Own work. Japan. Wikimedia Commons. https://commons.wikimedia.org. ©Alpsdake
② ♀. 2017-7-18. Kanto region, Japan.

123. 검은날개물잠자리

Matrona basilaris Selys, 1853 *M. b. japonica* (Forster, 1897)

• 성충 몸길이 Adult body length [mm]

	whole body	head & thorax	abdomen & app.	forewing & hindwing
♂	59	11.5	47.5	36
♀	58	11.5	46.5	39

북한의 미기록종에 포함되어 있으나, 인도, 중국, 대만, 일본 오키나와 등지에 서식하는 아열대 종이다. 중국에서도 남부 Guangxi의 Longtan national forest park에 서식하고 있어, 북한에서 서식가능성은 없다. 필자는 2011년 일본 오키나와 탐방 시에 아종인 ***M. basilaris japonica***를 확인하였다.

• This species is distributed in subtropical regions. The name should be eliminated from the unrecorded list of N. Korea Odonata.

① ♂. ② ♀. 2011-6-28. Okinawa, Japan

124. *Stylurus occultus* (Selys, 1878)

S. oculatus는 일본 혼슈 중앙에 서식하는 호리측범보다 큰 종이고, ***S. occultus***는 러시아 Far East 아무르강과 중국 북동부에 서식하는 호리측범보다 작은 크기의 종이다. 기존 자료에서 이 두 종이 호리측범과 혼동되어 오기재되어 있고, 한국에서 한 번도 실체가 확인된 적 없다.

• ***S. oculatus*** inhabits mid Honshu, Japan, while ***S. occultus*** around Amur river, Russian Far East & northeastern China. Past records about these two species are incorrect, & ***S. occultus*** has never been found in Korea.

125. *Gynacantha basiguttata* Selys, 1882

열대종이다. 제주 표본 사진이 한국의 잠자리 사이트에 올랐었으나(채집일자: 2005-8-17), 열대 지역에서 한국까지의 비래 가능성은 zero이다.

• 1 record at Jeju-island in 2005, which is not trustworthy, because this tropical species can never fly to Korea.

126. 북알락실잠자리

Enallagma deserti (Selys, 1871)

북아프리카 분포종으로서, 한반도 서식과는 관련이 없다. Oleg Kosterin에 따르면, ***E. deserti***(북알락실잠자리), ***E. circulatum, E. cyathigerum risi***(알락실잠자리)는 cerci 모양의 유사성 때문에, 예전에는 ***E. deserti***와 ***E. circulatum***간에 혼동이 있었다고 한다.

• This species is distributed in northern Africa, & has nothing to do with Korean peninsula.

127. 북해도북방잠자리

Somatochlora japonica Matsumura, 1911

이승모(2001)는 북한 고지 서식을 기술했는데, ***S. japonica***는 ***S. exuberata***로 동종처리 되어있다. 남한의 참북방과 동일종이다.

• The scientific name is synonymized with ***S. exuberata***, which inhabits S. Korea.

Reference

이승모(李承模). 2001. 韓半島產 잠자리目 昆蟲誌, 正行社
Lee, Seung-Mo. 2001. The dragonflies of Korean peninsula (Odonata). Junghaeng-Sa

정광수(Jung, K.-S.). 2012. 한국의 잠자리(The dragonflies and damselflies of Korea). 자연과 생태

조복성(趙福成). 1958. 韓國產 잠자리目昆蟲. 高麗大學校文理科大學
Cho, P.S., 1958. A manual of the dragonflies of Korea (Odonata)

Asahina, S., 1989, "The Odonata of Korean Peninsula, a summarized review. Part I. Introductory notes and the suborder Zygoptera", GEKKAN-MUSHI, 220, 8-15.

Asahina, S., 1989, "The Odonata of Korean Peninsula, a summarized review. Part III. Anisoptera 2 (Aeschnidae and Corduliidae)", GEKKAN-MUSHI, 224, 14-18.

Asahina, S., 1990, "The Odonata of Korean Peninsula, a summarized review. Part 4. Anisoptera 3. Libellulidae", GEKKAN-MUSHI, 228, 16-19.

Berry, R.P., Stange, G., & Warrant, E.J., 2007a, "Form vision in the insect dorsal ocelli: an anatomical and optical analysis of the dragonfly median ocellus", Vision Research, 47(10), 1394-1409.

Berry, R., van Kleef, J., & Stange. G., 2007b, "The mapping of visual space by dragonfly lateral ocelli". Journal of Comparative Physiology A, 193, 495-513.

Fleck, G., Li, J., Martin, S., Andre, N., Zhang, X., Lin, L., & Gao, M., 2013, "Epiophlebia sinensis Li & Nel 2011 in Li et al. (2012) (Odonata) newly recorded in North Korea", International Dragonfly Fund, Report 61, 1-4.

Horridge, G.A., 1969, "Unit studies on the retina of dragonflies", Zeitschrift fur vergleichende Physiologie, 62(1), 1-37.

KMA. 2019. Korea Meteorological Administration. Weather information. Online on the internet, URL (01-iv-2020): http://www.kma.go.kr/eng/index.jsp

Land, M.F. & Nilsson, D.E. 2002. Animal eyes. Oxford: Oxford University Press.

NEINS (National Environment Information System). 2019. http://www.neins.go.kr/index.asp.

Snodgrass, R.E. 1993. Principles of insect morphology. Cornell University Press.